WERKSTATTBÜCHER
FÜR BETRIEBSFACHLEUTE, KONSTRUKTEURE UND STUDIERENDE
HERAUSGEBER DR.-ING. H. HAAKE, HAMBURG
HEFT 120

Fräsmaschinen im Betrieb

Von

Dipl.-Ing. Hans H. Klein
Berlin-Lichtenrade

Mit 134 Abbildungen und 22 Tabellen

Springer-Verlag Berlin Heidelberg GmbH 1960

Inhaltsverzeichnis

Einleitung 3

I. Aufbau und Kennzeichen neuzeitlicher Fräsmaschinen 3

A. Die wichtigsten Ausführungsarten (Typen) von Fräsmaschinen 3
1. Knietischfräsmaschinen (Einfach-Waagerecht-, Universal-Waagerecht-, Senkrecht-Fräsmaschinen) S. 4. — 2. Bett-(Tisch-)Fräsmaschinen (Plan-, Lang-, Portalfräsmaschinen) S. 6. — 3. Sonderfräsmaschinen S. 9.

B. Gesichtspunkte für Auswahl und Verwendung der Fräsmaschinen 9
4. Maschinengröße und -ausstattung S. 9. — 5. Art des Einsatzes S. 12. — 6. Wirtschaftliche Ausnutzung der einzelnen Bauarten (Typen) S. 15.

II. Der Weg der Fräsmaschine in den Betrieb 16
7. Beförderung zum Arbeitsplatz S. 16. — 8. Aufstellung der Maschine S. 16. — 9. Prüfvorschriften S. 18. — 10. Schmierung und Probelauf S. 20.

III. Der praktische Einsatz der Fräsmaschine im Betrieb 22

A. Hinweise für die Bedienung 22
11. Die Betriebsanleitung S. 22. — 12. Die Bedienung der Fräsmaschine S. 23.

B. Sinnbilder für textlose Bedienschilder 26
13. Anwendungsmöglichkeiten S. 26. — 14. Aufteilung S. 29. — 15. Ausführungsform (Beispiel) S. 29.

C. Hilfsmittel für das Spannen der Werkzeuge und Werkstücke 32
16. Werkzeugaufnahmen S. 32. — 17. Spannzeuge für Werkstücke S. 39.

D. Pflege und Instandhaltung der Fräsmaschinen 42
18. Regeln für die Maschinenpflege S. 42. — 19. Pflege der Maschinenwerkzeuge und Werkstückspanner S. 43. — 20. Planmäßige Maschineninstandsetzung und -überholung S. 43.

IV. Fehler beim Fräsen und ihre Abhilfe 44

A. Voraussetzungen für einwandfreie Fräsarbeit 44
21. Die gestellte Aufgabe S. 44. — 22. Die Einflußgrößen S. 44.

B. Beseitigung auftretender Mängel 44
23. Auftreten von Schwingungen („Rattern") S. 45. — 24. Vorzeitige Werkzeugabstumpfung S. 45. — 25. Ungenügende Maschinenauslastung S. 46.

V. Verwendungsmöglichkeiten von Sonderfräsmaschinen 46

A. Gleichlauf-Fräsmaschinen 46
26. Bauliche Vorbedingungen S. 46. — 27. Vorteile des Gleichlaufverfahrens S. 47.

B. Wälzfräsmaschinen 47
28. Bauarten S. 47. — 29. Sondereinrichtungen S. 49.

C. Werkzeugfräsmaschinen 50
30. Anforderungen S. 50. — 31. Bauarten S. 51.

D. Nachformfräsmaschinen (Kopierfräsmaschinen) 53
32. Handgesteuerte Nachformfräsmaschinen S. 53. — 33. Selbsttätige Nachformfräsmaschinen S. 57.

E. Rundtisch- und Trommelfräsmaschinen 58
34. Rundtischfräsmaschinen S. 58. — 35. Trommelfräsmaschinen S. 59.

F. Kombinierte Fräsmaschinen 60
36. Fragen des wirtschaftlichen Einsatzes S. 60. — 37. Ausführungsformen S. 61.

VI. Schrifttum 63

ISBN 978-3-540-02617-4 ISBN 978-3-642-86768-2 (eBook)
DOI 10.1007/978-3-642-86768-2

Einleitung

Durch eine gute Arbeitsplanung wird der Mensch im Betrieb immer mehr von anstrengenden, eintönigen Arbeiten entlastet und in die Lage versetzt, die Produktivität zu steigern und damit auch sein eigenes Einkommen zu erhöhen. Das gelingt aber nur dem, der seine Maschine vollkommen beherrscht und es versteht, die ihm zur Verfügung gestellten erstklassigen Werkzeuge und Einrichtungen voll auszunutzen.

Unter den spanenden Werkzeugmaschinen spielen die Fräsmaschinen im Betrieb eine beachtliche Rolle, kann doch auf ihnen eine Fülle vielseitiger Arbeiten wirtschaftlich ausgeführt werden. Es lohnt sich daher für jeden Betriebsmann, Aufbau und Einsatzmöglichkeiten der wichtigsten Fräsmaschinentypen näher kennen zu lernen. Hierbei soll dieses Werkstattbuch behilflich sein.

Die folgenden Abschnitte enthalten grundlegende Betrachtungen und praktische Hinweise, die über die Eigenart der Fräsmaschinen Aufschluß geben. Allen Herstellerfirmen, die hierfür bereitwillig wertvolle Unterlagen zur Verfügung gestellt haben, sei auch an dieser Stelle besonders gedankt. An Hand ihrer Druckschriften und des im Anhang erwähnten Schrifttums kann man sich noch eingehender in das eine oder andere Teilgebiet vertiefen und Lösungen für besondere Fräsaufgaben finden.

I. Aufbau und Kennzeichen neuzeitlicher Fräsmaschinen

A. Die wichtigsten Ausführungsarten (Typen) von Fräsmaschinen

Die Zahl der Fräsmaschinentypen, die auf dem Markt sind, ist groß. Es macht daher — selbst anhand des Schrifttums [*1—3*] — einige Mühe, sich den für die Arbeitsplanung oder Neubeschaffung von Maschinen erforderlichen Überblick zu verschaffen.

Man erhält verhältnismäßig schnell ein klares Bild, wenn man sie nach Bauform und Art des Einsatzes in folgende Hauptgruppen unterteilt:

Knietisch-(Konsol)-Fräsmaschinen[1] mit den Untergruppen *Waagerecht (Horizontal)-Fräsmaschinen* in Einfach- und Universalausführung und *Senkrecht (Vertikal)-Fräsmaschinen.* Sie werden gebaut zur Verwendung als *Mehrzweck (Standard)-Fräsmaschinen* mit kraftbetätigtem Vorschub und Eilgang sowie mit großem Drehzahl- und Vorschubbereich für vielseitige Arbeiten der Einzel-, Reihen- und Massenfertigung, oder als *Einzweck (Produktions)-Fräsmaschinen* in vereinfachter Ausführung, aber meist mit Programmschaltung für einen bestimmten Arbeitsgang oder für eine Auswahl ähnlicher Arbeiten.

Bett-(Tisch-)Fräsmaschinen. Unter diesem Begriff sind die *Planfräsmaschinen* und die *Lang-* und *Portalfräsmaschinen* zusammengefaßt, die vorwiegend in der Reihenfertigung großer Teile eingesetzt werden.

[1] Leider haben sich in der Praxis viele Fremdwörter eingebürgert, auch zur Bezeichnung von Maschinenarten und Maschinenteilen, die in manchen Fällen mit den dafür in Frage kommenden deutschen Worten treffender gekennzeichnet werden, z. B. Winkeltisch für *Konsol*, *Mehrzweck-* für Standard-, Einzweck- für Produktions- usw. Auch bei der Übersetzung in fremde Sprachen wird den Übersetzern die Arbeit erleichtert, wenn treffende deutsche Bezeichnungen verwendet werden. In den Werkstattbüchern werden diese bevorzugt.

Sonder-Fräsmaschinen sind nur für eng begrenzte Arbeitsgebiete geeignet, z. B. *Wälzfräsmaschinen* und andere *Verzahnmaschinen* zum Fräsen von Stirnrädern, Keilwellen, Kettenrädern und ähnlichen Werkstücken, ferner *Gravier-* und *Nachform (Kopier)-Fräsmaschinen* für Formfräsarbeiten in zwei oder drei Richtungen, *Schnecken-* und *Gewindefräsmaschinen* u. a. m.

Zunächst soll einiges über die Grundformen der Haupttypen gesagt werden.

1. Knietischfräsmaschinen sind gekennzeichnet durch den Winkel- oder Knietisch (früher Konsol genannt) mit dem aufgesetzten Kreuztisch und durch die ortsfeste Lagerung der Frässpindel in einem kräftigen kastenförmigen Ständer (Gestell).

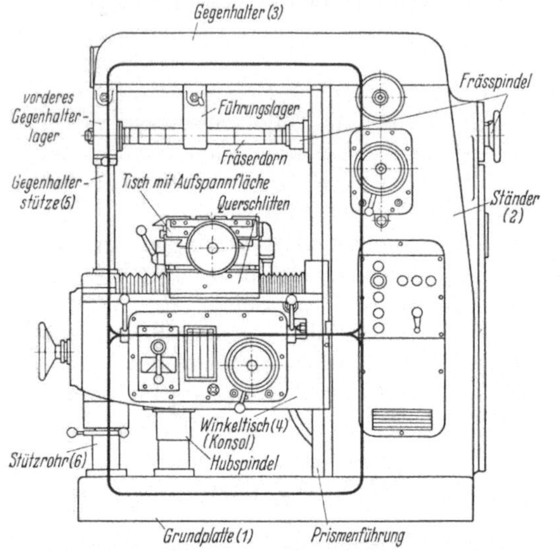

Abb. 1. Aufbau einer Waagerecht-Konsolfräsmaschine (*Kellmann*). Grundplatte *1*, Ständer *2*, Gegenhalter *3*, Winkeltisch *4*, Gegenhalterstütze *5* und Stützrohr *6* bilden einen widerstandsfähigen Doppelrahmen (Rahmenbauart)

a) Bei der in Abb. 1 dargestellten Einfach-Waagerecht-Fräsmaschine gleitet der Winkeltisch in der breiten, geschliffenen Prismenführung am Ständer und läßt sich durch eine (telescop- = fernrohrartig) ausziehbare Hubspindel auf die gewünschte Höhe bringen. Die Querbewegung führt der Querschlitten (Unterschlitten) aus, der auf dem Winkeltisch, gleichfalls durch eine Gewindespindel, waagerecht verschoben werden kann. Auf dem Querschlitten schließlich gleitet als Längsschlitten der Arbeitstisch mit den Aufspannflächen, der mit einer dritten Gewindespindel bewegt werden kann. Die Grundplatte ist mit dem Ständer fest verbunden und meist als Kühlmittelbehälter ausgebildet. Den maschinellen *Tischantrieb* leitet man teils über eine Gelenkwelle vom Hauptmotor ab, der in oder an dem Gestell befestigt ist; teils sieht man, besonders für größere Maschinen, einen zusätzlichen Vorschubmotor oder eine hydraulische Vorschubbewegung vor.

Die *Frässpindel* wird vom Hauptmotor über Rädergetriebe unmittelbar oder mit zwischengeschaltetem schwingungsdämpfendem Keilriemen (Abb. 2) angetrieben. Sie ist im Ständer fest gelagert oder (bei Einzweckmaschinen) in einer Spindelhülse, die meist als Pinole (zu deutsch „Spindel") bezeichnet wird und axial verschiebbar ist. Am Spindelkopf befindet sich ein Innenkegel für die Aufnahme der Fräserdorne sowie ein Außenkegel oder -zylinder zum Aufsetzen der Messerköpfe (vgl. S. 38).

Zum Abstützen des Fräserdornes dient der verschiebbare *Gegenhalter* (früher Traverse genannt), an dem das vordere Gegenhalterlager und ein zweites Fräserdornführungslager festgeklemmt werden können. Weiter wird die Maschine durch die bei vielen Typen vorhandenen Gegenhalterstützen (Scheren) oder durch Stützrohre versteift. Auf diese Versteifung kann man nur bei Fingerfräsarbeiten und bei Maschinen verzichten, die nach der Schalenbauweise besonders starr ausgebildet sind (Abb. 2). Sonst ist es ratsam, größere Schnittkräfte dadurch sicher aufzunehmen, daß man von allen gebotenen Abstützmöglichkeiten Gebrauch macht. Grundplatte, Ständer, Gegenhalter und Winkeltisch bilden dann mit den Gegenhalterstützen oder Stützrohren in sich widerstandsfähige, geschlossene Rahmen. Hierdurch wird auch eine Auslenkung des Arbeitstisches durch die Schnittkräfte nach oben oder unten wesentlich vermindert.

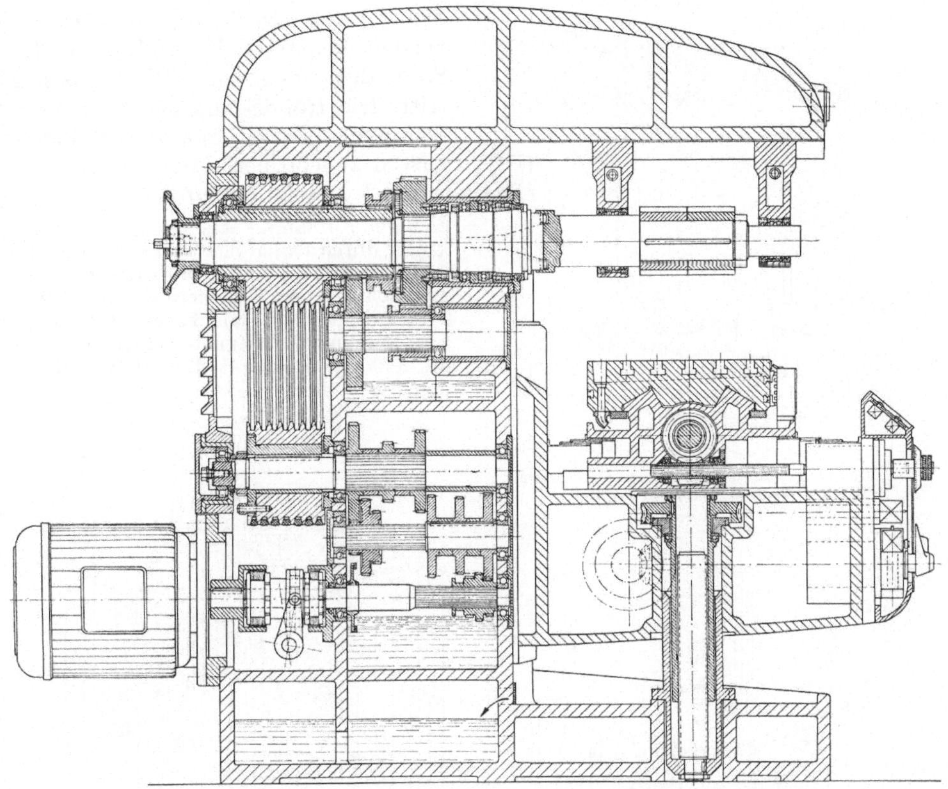

Abb. 2. Waagerecht-Konsolfräsmaschine in Schalenbauart (*Heller* — FH 140). Frässpindel durch Keilriemen angetrieben

b) Die Universal-Waagerecht-Fräsmaschine (Abb. 3) besitzt gegenüber der Einfach-Waagerecht-Fräsmaschine, deren Tisch immer senkrecht zur Fräserachse fährt, einen waagerecht um 45° nach beiden Seiten schwenkbaren Tisch. Zu diesem Zweck ist ihr *Querschlitten* zusätzlich mit einem *Drehteil* ausgerüstet. Mit Hilfe eines von der Tischspindel aus angetriebenen *Teilkopfes* ist es daher möglich, auf ihr auch Teile mit schraubenförmigen Nuten zu fräsen [*4*].

c) Der Aufbau der Senkrecht-Fräsmaschine (Abb. 4) ähnelt in vielem dem der Waagerecht-Fräsmaschine. Kennzeichnend ist die Anordnung der Frässpindel. In der Regel ist sie in einer axial verstellbaren Hülse (Pinole) im Frässpindelkopf gelagert, mit dem sie aus der senkrechten Lage bis zu 45° auch nach rechts und links geschwenkt werden kann. Eine Lagerbauart zeigt Abb. 5. Die Frässpindel *a* läuft in der Spindelhülse (Pinole) *b*, die mit Hand- und Zahnrad *d* im Gehäuse des Frässpindelkopfes *c* senkrecht verstellt werden kann, in Rollenlagern *e*. Ihr Gewicht wird durch die Druckfeder *f* ausgeglichen. Den Frässpindelweg begrenzen einstellbare Anschlagschrauben *g*, die in einer drehbaren Trommel sitzen. Das spiralverzahnte Antriebskegelrad *i* ist auf eine lange gesondert gelagerte Buchse *h* aufgesetzt, in die das als Keilwelle ausgebildete obere Spindelende eingreift.

Die senkrechten Schnittkräfte werden von Kugellagern *k* aufgenommen. Eine schwere Senkrechtfräsmaschine mit fest gelagerter Spindel ist in Abb. 6 dargestellt.

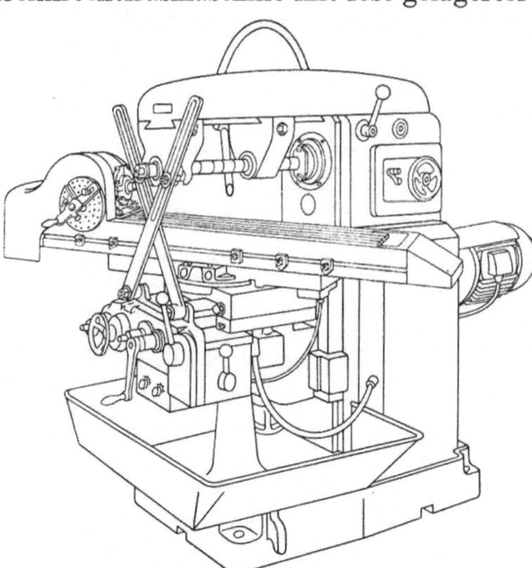

Abb. 3. Universal-Waagerecht-Fräsmaschine (*Loewe*) mit schwenkbarem Tisch und Teilkopf

2. Bett-(Tisch-)Fräsmaschinen

nennt man im weiteren Sinne alle *Plan-, Lang- und Portalfräsmaschinen*, bei denen ein festes Kastenbrett an die Stelle des verstellbaren Winkeltisches tritt. Die Höhen- und meist auch die Seitenverstellung sind dem Spindelkasten zugeordnet. Man erreicht dadurch folgende *Vorteile:*

Sichere Aufnahme auch größter Fräskräfte durch das geschlossene Maschinenbett mit seinen breiten Führungsbahnen, zugleich geringe Flächenpressung, gute Führung der verschiebbaren, für große Spanleistungen geeigneten Fräseinheiten an den kräftigen mit dem Bett verbundenen Ständern;

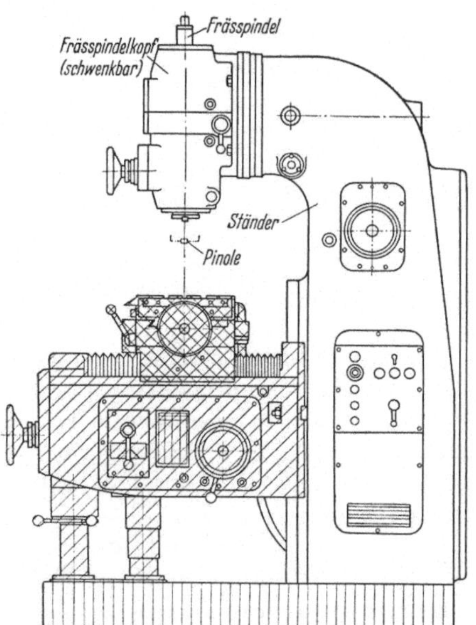

Abb. 4. Aufbau einer Senkrecht-Konsolfräsmaschine (*Koellmann*). Frässpindelkopf (mit ausfahrbarer Pinole) kann um 45° nach rechts und links geschwenkt werden. Schraffierte Baugruppen wie in Abb. 1

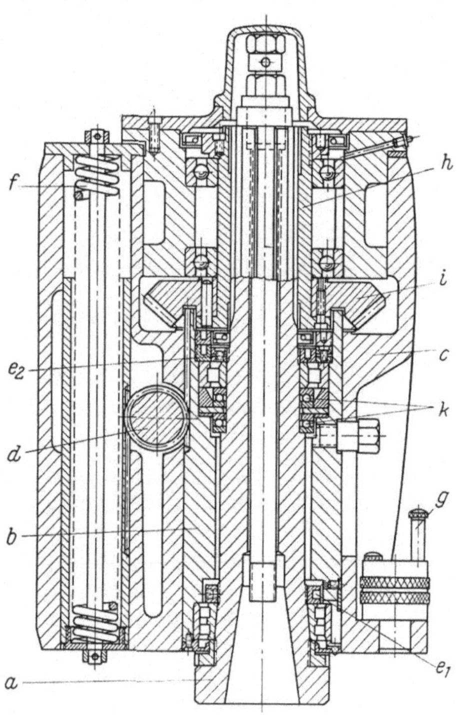

Abb. 5. Frässpindellagerung einer Senkrecht-Fräsmaschine (*Wanderer*). *a* Frässpindel; *b* Spindelhülse (Pinole); *c* Frässpindelkopf; *d* Zahnrad für Senkrechtverstellung; *e* Rollenlager; *f* Druckfeder für Gewichtausgleich; *g* Anschlagschrauben für Hubbegrenzung; *h* Buchse; *i* Antriebskegelrad; *k* Kugellager zur Aufnahme der Senkrechtkräfte

arbeitsgenaue Fertigstellung der Werkstücke, da die breiten, langen Tischführungsbahnen die gleichmäßige Auflage in jeder Stellung gewährleisten;

Gleichmäßigkeit des meist stufenlos veränderlichen Tischvorschubes auch beim Fräsen unterbrochener Flächen und bei anderen Schnittkraftschwankungen.

Einige Besonderheiten der Bett-Fräsmaschinentypen seien angegeben:

a) Planfräsmaschinen. Die in Abb. 7 gezeigte Senkrecht-Planfräsmaschine eignet sich besonders zum Pendelfräsen, wobei in der einen Richtung geschruppt, in der anderen geschlichtet wird. Die Werkstücke (Leichtmetallgehäuse) werden in hydraulischen Vorrichtungen gespannt, man kann sie während der Bearbeitung

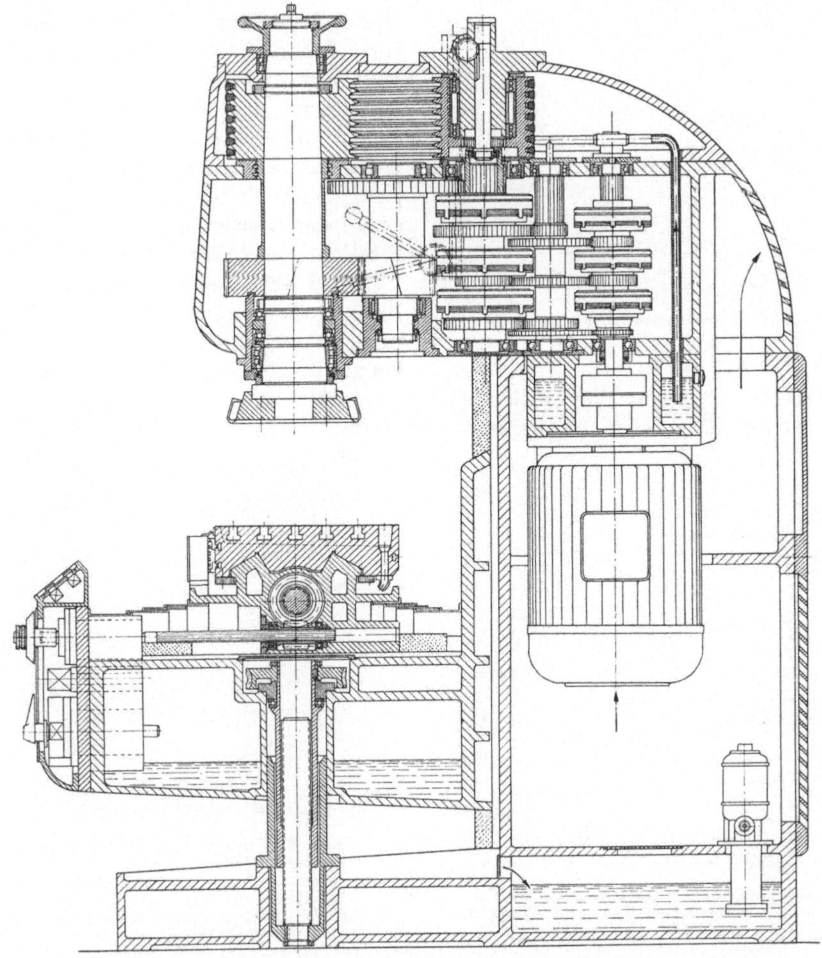

Abb. 6. Senkrecht-Konsolfräsmaschine für Hartmetallwerkzeuge mit Magnetkupplungsgetriebe (*Heller* — FV 160)

der anderen Teilgruppe auf- und abspannen. Dadurch wird eine hohe Stundenleistung erreicht. Abb. 8 zeigt eine schwere Waagerecht-Fräsmaschine. Doppelfräsmaschinen und große Plan- und Langfräsmaschinen sind oft nach dem Baukastensystem zusammengesetzt.

b) Langfräsmaschinen. Bei dieser Maschinentype [5] liegt die Größe der Tischflächen etwa zwischen 1500×500 und 8000×2000 mm. Wenn das Baukastensystem angewendet wird, können (z. B. für schwere, aber schmale Werkstücke) kräftige Fräseinheiten auch einem verhältnismäßig kleinen Tisch zugeordnet werden. Ferner ist es möglich, je nach den gewünschten Arbeitsgängen mit mehreren waagerechten oder senkrechten Frässpindeln, die an festen oder ausfahrbaren Ständern angeordnet sind, gleichzeitig am Werkstück zu arbeiten.

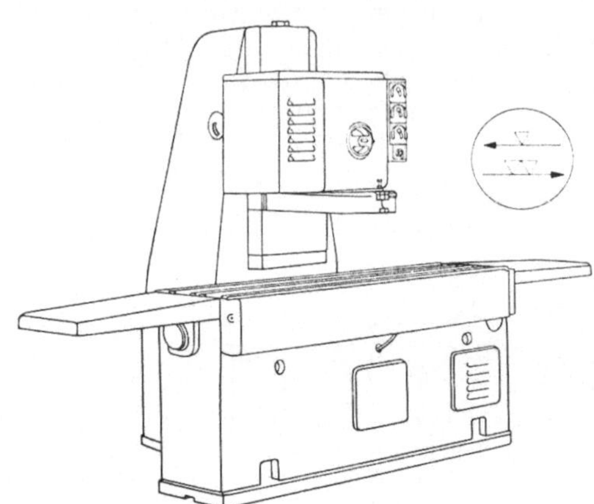

Abb. 7. Senkrecht-Planfräsmaschine für Leichtmetallbearbeitung (*Diedesheimer Masch.-Fabr.*)

Beispiele aus der Fülle der so entstehenden Bauformen sind in den Abb. 9 und 10 wiedergegeben. Die Abb. 11 und 12 zeigen einen Längs- und Querschnitt durch eine Tischeinheit. Der gut verrippte Aufspanntisch besitzt sehr kräftige T-Nuten und eine große Höhe. Er kann sich daher auch beim festen Anziehen der Spannschrauben des Werkstückes nicht verziehen. Für die selbsttätige Steuerung der Tischbewegung oder der hydraulischen Fräserabhebung werden in den T-Nuten zusätzlich Anschläge befestigt.

c) Portalfräsmaschinen. Auf den großen weiträumigen Portalfräsmaschinen können gleichzeitig mehrere versetzt oder winklig zueinander liegende Flächen schwerer Werkstücke (bis etwa 20 t) in einer Aufspannung plangefräst werden. Die Teile spannt man ein- oder zweireihig hintereinander auf

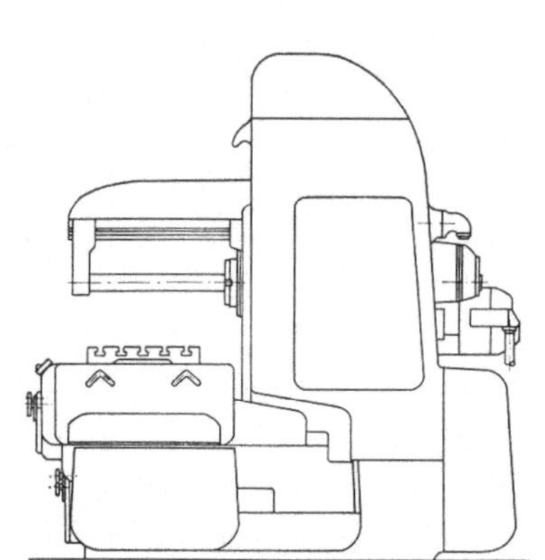

Abb. 8. Schwere Waagerecht-Fräsmaschine (*Hüller*). Fräsweg längs 1480 mm, Werkzeugkegel ISA 60, Antrieb 31 kW

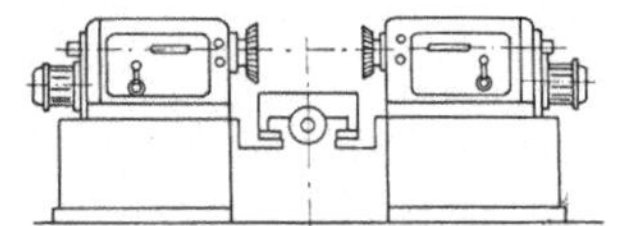

Abb. 9. Doppel-Waagerecht-Planfräsmaschine (*Heller*)

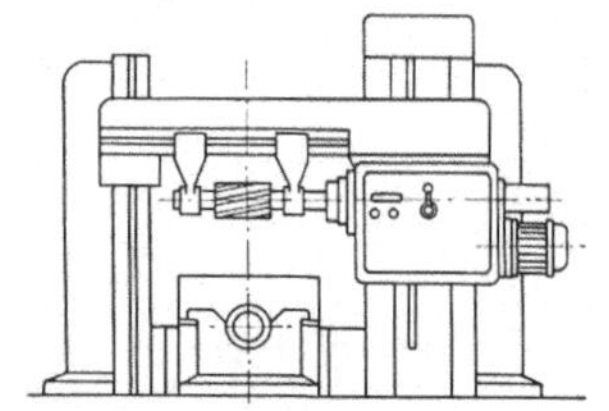

Abb. 10. Langfräsmaschine (*Heller*), nach dem Baukastensystem zusammengesetzt: waagerechte Fräseinheit mit Pinolenverschiebung; mit Querbalken und Hilfsständer (mit Fühlersteuerung auch für Nachformarbeiten geeignet)

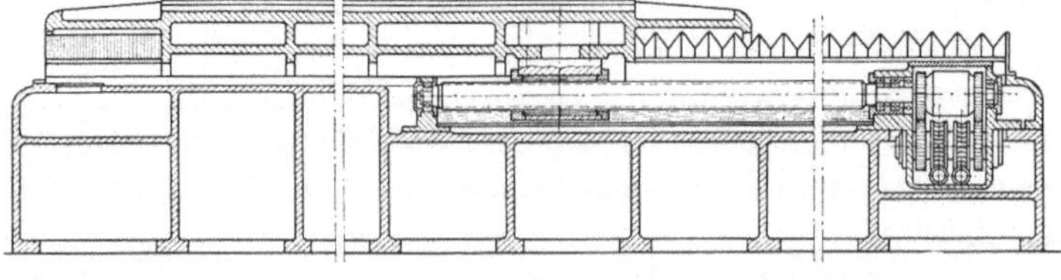

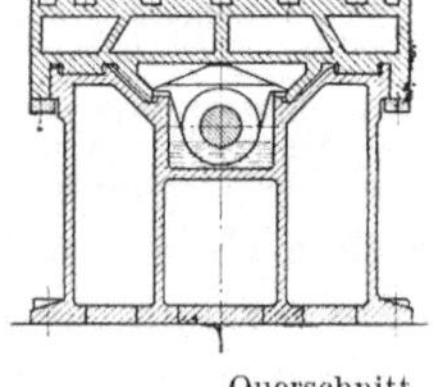

Längsschnitt — Abb. 11. u. 12. Tischeinheit (*Heller*). — Querschnitt

den Langtisch und bearbeitet sie beim Durchgang zwischen Doppelständer und Querbalken mit Hilfe der Frässpindelstöcke, die nach beiden Seiten um 45° geschwenkt werden können, (Abb. 13). Leistung der Motoren jedes Spindelstockes bis etwa 40 kW. Für die Steuerung der Maschinen sind schwenkbare Kommandotafeln (Steuerpendel) vorgesehen, die oft eine Maschinenskizze mit den für die Schaltung erforderlichen Hinweisen tragen [*6*].

3. Sonderfräsmaschinen. Außer den bisher beschriebenen Grundbauarten gibt es eine Fülle von Sonder(Spezial)-Fräsmaschinen, die jeweils nur für ein bestimmtes Arbeitsgebiet verwendbar sind. Von diesen haben wiederum einige allgemeine Bedeutung, so daß sie auch in diesem Rahmen näher betrachtet werden sollen (vgl. S. 46): Gleichlauffräsmaschinen, Wälzfräsmaschinen, Werkzeug- und Nachform-Fräsmaschinen sowie Rundtisch- und Trommel-Fräsmaschinen.

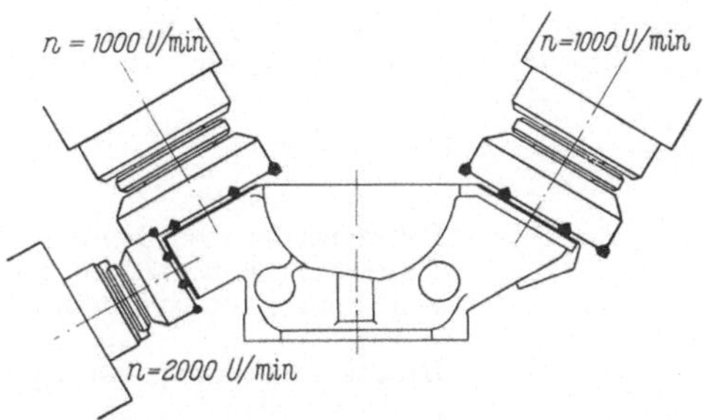

Abb. 13. Arbeitsbeispiel: Planfräsen eines 1010 mm langen Gehäuses mit HM-Messerköpfen (*Hüller*); Schnittgeschwindigkeit $v = 500$ m/min, Vorschub $s' = 900$ mm/min, Leistung 15 Werkstücke/Stunde

Hinsichtlich der Bauform aller übrigen Sonderfräsmaschinen sei auf die einschlägigen Ausstellungsberichte [*7*, *8*] und auf die Druckschriften der Herstellerfirmen verwiesen[1].

B. Gesichtspunkte für Auswahl und Verwendung der Fräsmaschinen

Neben der bereits behandelten Bauform spielen für die Auswahl der geeigneten Fräsmaschine [*9*—*11*] folgende Gesichtspunkte eine Rolle: erforderliche Maschinengröße und -ausstattung, Art des Einsatzes und wirtschaftliche Ausnutzbarkeit.

4. Maschinengröße und -ausstattung. a) Die Maschinengröße hängt vom gewünschten Arbeitsbereich, von den durch die Fräsleistung bedingten Maßen der Arbeitsspindel, den benötigten Drehzahlen und Vorschüben, der Leistung der Antriebsmotore und dem Platzbedarf ab. Welche Angaben im einzelnen hierüber zu machen sind, zeigt die Tab. 1 (S. 10) beispielsweise für Waagerecht-(Knietisch-) Fräsmaschinen.

b) Arbeitsraum. Die ausnutzbare Arbeitsfläche ist durch die Größe (Länge und Breite) und die Bewegungsmöglichkeiten des Aufspanntisches gegeben. Wichtige Stichmaße sind hierbei, zumal bei Bearbeitung sperriger Werkstücke, die größten Entfernungen von Spindelmitte bis Aufspannfläche, zwischen Ständer und Gegenhalter und vom Spindelkopfende bis zur hinteren Tischkante.

c) Maße der Arbeitsspindel. Als Grenzmaße für die Fräsleistung, die ohne Beschädigung oder Überlastung des Maschinengetriebes erreicht werden kann, dienen: Größe des Spindelkopfes und seines Aufnahmekegels, Anzahl und kleinste Entfernung der Stützen, größter Fräserdorndurchmesser und größte Schaftlänge.

d) Drehzahl- und Vorschubbereiche. Außer dem Drehzahlbereich, den man nach den am häufigsten zu bearbeitenden Werkstoffen (vgl. Tab. 2) wählt, ist der Stufensprung (d. h. die prozentuale Drehzahländerung beim Einschalten der nächsten Stufe) von Bedeutung. Je feiner die Abstufung ist, um so besser lassen sich die Arbeitsbedingungen dem Werkstoff und Spanquerschnitt anpassen.

---

1 Nähere Angaben über das Fräsmaschinen-Fertigungsprogramm deutscher Firmen enthält der Bezugsquellen-Nachweis „Wer baut Maschinen“ des VDMA (Verein Deutscher Maschinenbau-Anstalten e. V.), Frankfurt/Main.

Tabelle 1. *Erforderliche Maß- und Gewichtsangaben für Waagerecht-Knietisch(Konsol)-Fräsmaschinen*

Tisch	Aufspannfläche: Breite mal Länge, ohne/mit Wasserrinne T-Nuten: Anzahl, Breite, Abstand (DIN 650) Weg: Längs Antrieb selbsttätig/von Hand Quer — ohne Stütze — ,, ,, ,, ,, mit ,, ,, ,, ,, ,, Senkrecht ,, ,, ,, ,, Schwenkbar: nach beiden Seiten .... Grad Entfernung von Ständer bis Gegenhalterstütze: .... mm Entfernung von Spindelmitte bis Aufspannfläche: von .... bis .... mm ,, ,, ,, ,, Unterkante Gegenhalter: .... mm Größte Entfernung von Spindelkopfende bis zur hinteren Tischkante: .... mm
Arbeitsspindel	Spindelkopf nach DIN .... Kegel: .... Größter Fräserdorn-Durchmesser: .... mm Größte Schaftlänge: .... mm
Spindeldrehzahlen nach DIN 804	Bereich (1—2—3) von — bis .... U/min
Vorschübe nach DIN 803	Bereiche Stufenzahl/Stufensprung Längs 1—2—3 von — bis .... mm/min Quer 1—2—3 ,, — ,, ... ,, ,, Senkrecht 1—2—3 ,, — ,, ... ,, ,, Eilgänge, desgleichen .... ,, ,,
Antriebsmotoren	Arbeitsspindel Leistung für Bereich 1—2—3 .... kW Drehzahl ,, ,, 1—2—3 .... U/min Tisch, desgleichen .... kW .... U/min
Platzbedarf und Gewichte	Länge mal Breite bei ausgefahrenem Tisch mal Höhe der Maschine: .... mm Nettogewicht mit elektr. Ausrüstung und Normalzubehör: etwa .... kg Bruttogewicht, seeverpackt: etwa .... kg Raumbedarf: etwa .... m^3

Größtes zulässiges Drehmoment bei .... U/min: .... kgm

Tabelle 2. *Richt-Drehzahlen für Schlichtfräsen mit HSS-Fräsern*[1]

Fräserdurchmesser mm	Werkstoff des Werkstückes: Stahl mit Festigkeit kg/mm^2 130	110	85	60	Grauguß (GG) Brinellhärte 180	220	Kupfer	Messing	Leichtmetalle
10	280	450	560	710	560	450	1400	1120	9000
20	140	224	280	355	280	224	710	560	4500
32	90	140	180	224	180	140	450	355	2800
40	71	112	140	180	140	112	355	280	2240
50	56	90	112	140	112	90	280	224	1800
63	45	71	90	112	90	71	224	180	1400
80	35,5	56	71	90	71	56	180	140	1120
100	28	45	56	71	56	45	140	112	900
125	22,4	35,5	45	56	45	35,5	112	90	710
160	18	28	35,5	45	35,5	28	90	71	560
200	14	22,4	28	35,5	28	22,4	71	56	450

[1] Für Hartmetall(HM)-Fräser: auf Stahl das 6 bis 8fache, auf GG das 4fache, auf NE-Metallen das 2fache der angegebenen Drehzahlen.

Das Gleiche gilt für den Vorschubantrieb (Richtwerte vgl. Tab. 3). Hier ist zusätzlich zu überlegen, ob maschineller Antrieb und Eilgang für die drei Bewegungsrichtungen (längs, quer und senkrecht) gebraucht werden.

Tabelle 3. *Richt-Vorschübe für weichen Stahl (bis 60 kg/mm²)*

Fräserart	Durchmesserbereich mm	Grenzwerte für Schruppfräsen mm je Fräserumdrehung (mm/U)
Schaftfräser	10— 40	0,1—0,4
Formfräser	40—160	0,4—0,9
Scheibenfräser	40—160	0,6—1,3
Walzen- und Walzenstirnfräser	40—160	0,9—2,2

Richtwerte für andere Werkstoffe: harter Stahl 40—50%, Grauguß und Messing bis 120%, Leichtmetalle 30—50% der in Tab. 3 angegebenen Vorschübe.

Beispiele: Schaftfräser 40 ⌀ auf St 60; Drehzahl 180; Vorschub (Richtwert) 0,4 mm/U = 72 (71) mm/min.
Scheibenfräser 160 ⌀ auf Messing: Drehzahl 71; Vorschub 1,3 mm/U + 20% = 110 (112) mm/min.
Formfräser 100 ⌀ auf St 110: Drehzahl 45; Vorschub 0,8 mm/U — 50% = 18 mm/min.

Tabelle 4. *Richtwerte für die erforderliche Antriebsleistung*

Zu fräsender Werkstoff	Antriebsleistung kW je cm³/min
Unlegierter Stahl	
bis 60 kg/mm² Festigkeit	6—10
bis 85 kg/mm² Festigkeit	9—12
Legierter Stahl	
bis 95 kg/mm² Festigkeit	10—12
bis 110 kg/mm² Festigkeit	12—15
Grauguß, Brinellhärte bis 200	4—6
über 200 bis 250 kg/mm²	6—9
Bronze	4—5
Rotguß, Messing, Leichtmetalle	3—5

Bei Stirnfräsern und Messerköpfen können die Werte bis zu 30% niedriger eingesetzt werden.

e) Leistung der Antriebsmotoren. Die Leistungsaufnahme des Hauptmotors der Fräsmaschine, der in jedem Fall die Frässpindel, bei einigen Maschinentypen auch den Vorschub antreibt, entspricht der erforderlichen Zerspanungsleistung. Richtwerte für verschiedene Werkstoffe sind in Tab. 4 zusammengestellt. Man beachte hierbei, daß auch Fräsmaschinen für leicht zerspanbare Werkstoffe, z. B. für Leichtmetalle, kräftige Motoren haben müssen, damit eine wirtschaftliche hohe Schnittgeschwindigkeit gewählt werden kann.

f) Platzbedarf und Gewicht einer Fräsmaschine spielen bei der Planung einer neuen Werkstatt oder bei der Umgruppierung von Maschinen eine große Rolle. Bei der Festlegung der erforderlichen Grundfläche sind nicht nur die äußeren Grenzstellungen des ausgefahrenen Tisches und Gegenhalters (Abb. 14), sondern auch der Platz für den Bedienungsmann und für den Ausbau von Spindeln u. a., zu berücksichtigen. Durch das Nettogewicht der Maschine (einschließlich der elektrischen Ausrüstung und des Zubehörs) werden Größe und Stärke des Fundamentes entsprechend der zulässigen Flächenbelastung bestimmt.

5. Art des Einsatzes. Wie man die Fräsmaschine verwendet, hängt wesentlich vom Fertigungsprogramm und von der Fertigungszahl gleicher Einheiten (Losgröße) ab.

a) Für die Einzelfertigung und im Kleinreihenbau mit häufig wechselnden Typen bevorzugt man die Allzweck(Standard)-Fräsmaschine, die sich einfach und schnell umrichten läßt; ebenso im Vorrichtungsbau, in Laboratorien, Versuchs- und Entwicklungsabteilungen. Diese Fräsmaschinen können auch für die Großreihen- und Massenfertigung eingesetzt werden, wenn sie zu diesem Zweck

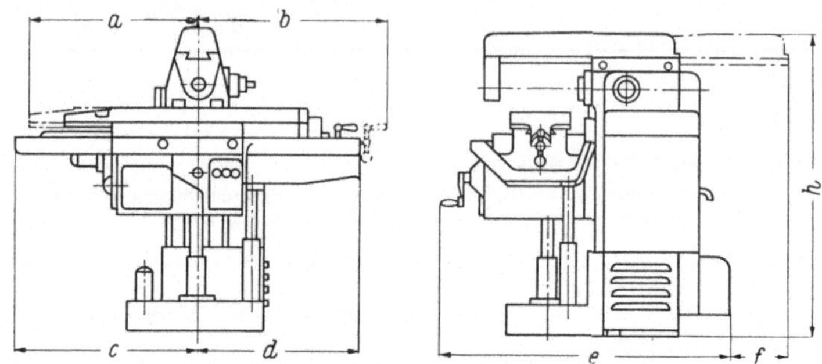

Abb. 14. Platzbedarf einer Fräsmaschine. Außer den Grenzstellungen des Tisches und Gegenhalters ist auch der Platz für den Ausbau der Spindeln und für den Bedienungsmann zu berücksichtigen

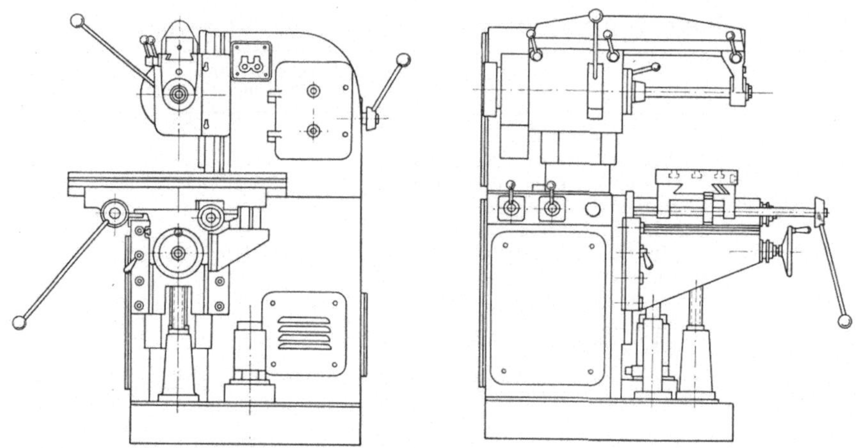

Abb. 15. Handhebel-Konsolfräsmaschine (*Schlegel & Volk*)

mit selbsttätigem Bewegungsablauf ausgestattet sind. Hierfür werden heute meist elektrische Steuerungen vorgesehen [*12, 13*]. Alle Bewegungen sind dann über Endkontakte, Druckknöpfe, Schwenktaster und andere Wahlschalter leicht wähl- und schaltbar (vgl. auch S. 25). Die Getriebe werden für die einwandfreie Kraftübertragung mit Elektrokupplungen und -bremsen versehen. Um die leistungsfähigen neuzeitlichen Werkzeuge bei allen Werkstoffen, z. B. auch bei Leichtmetall voll ausnutzen zu können, werden die Maschinen jetzt schwerer als früher gebaut und mit stärkeren Antriebsmotoren ausgerüstet. Aus gleichem Grunde geht die Entwicklung dahin, die Drehzahl- und Vorschubbereiche zu vergrößern und den Vorschubwechsel unter Schnittbelastung zu ermöglichen.

Für verschiedenartige leichte Fräsarbeiten, wie sie z. B. in der feinmechanischen und optischen Industrie häufig vorkommen, stehen leichtere, preisgünstige Maschinen mit einfachem Aufbau, z. B. Handhebel-Fräsmaschinen wie Abb. 15, zur

Verfügung. Auf die viel benutzten Werkzeugfräsmaschinen soll im Rahmen der Sonderfräsmaschinen (S. 50) näher eingegangen werden.

b) Ausgesprochene Serienarbeiten werden auf Mehr- und Einzweckfräsmaschinen (Produktionsfräsmaschinen) ausgeführt. Da diese Maschinen in einem bestimmten Arbeitsprogramm längere Zeit mit *einer* Drehzahl und *einem* Vorschub laufen, kann auf die hierfür überflüssige universelle Schaltung verzichtet werden. Selbsttätige Vorschübe und Eilgänge sind nur in Längsrichtung des Tisches vorgesehen. Ebenso wählt man, um teure Getriebe zu sparen, für das Vorschubgetriebe und oft auch für den Hauptantrieb Wechselräderanordnungen, mit denen die Arbeitsgeschwindigkeit in bestimmten Stufen eingestellt werden kann. Für den selbsttätigen Arbeitsablauf weisen Produktionsfräsmaschinen verschiedene zusätzliche Einrichtungen auf, z. B. Sprungschaltung mit Eilvor- und -rücklauf, Programmschaltung für Pendelfräsen mit Drehrichtungswechsel, selbsttätig schaltende Teilapparate und Magazine für die Werkstückzuführung.

Tabelle 5. *Fräsmaschinen-Größen (Beispiel einer Übersicht)*

Größe	Tischlänge bis mm	Aufnahmekegel der Frässpindel	Maschinen-Leistung kW bis rd.	Netto-Gewicht kg bis rd.
0	750	Steilkegel 30	2	1000
1	1000	,, 40	4	2000
2	1250	,, 40	8	2500
3	1600	,, 50	12	4000
4	1900	,, 50	20	5000
5	2200	,, 50	30	12000
6	2500 und mehr	,, 50 oder 60	über 30	über 12000

Soweit noch Morsekegel vorgesehen sind, entsprechen sie folgenden Steilkegeln:

Morsekegel	2 u. 3	4	5	6
ISO-Steilkegel nach DIN 2079	30 = 1¼″	40 = 1¾″	50 = 2¾″	60 = 4¼″

Tabelle 6. *Baureihen einiger deutscher Allzweck(Standard)-Waagerecht-Fräsmaschinen*

Fabrikat	Größe und Tischlänge 0 rd. 750	1 1000	2 1250	3 1600	4 1900	5 2200	6 2500 mm
Biernatzki		FW 0		FW 2			
Bohle	FW 8	FW 10	FW 14	FW 16	FW 20		
Heller					FH 120		FH 160
Hüller			FW 5	FW 5			
Köllmann			HF 2				
L. Loewe				FH 5			
Mammut			SE 10	SE 15	SE 30	SE 40	SE 50
Reckermann			FW 1001				
Roscher u. Eichler			FE II	FE III			
Union		FH 5	FH 5a	FH 5c			
Vögele				FW 2B	FW 3		
Wanderer	0 F 0 G/E	1 F 1 G/E	11 F 2 G/E	3 G/E	4 G/E		
Fr. Werner	(FH 0)	2.201 (FH 1)	5.202 (FH 2)	5.203 (FH 3)	5.204 (FH 4)	5.205 (FH 5)	

Tabelle 7. *Allgemeine Fräsmaschinen (Beispiel einer Typenübersicht)*

Type und Größe[1]		Tischfläche und Hub (längs, quer, senkrecht) mm	Aufnahmekegel[2]	Drehzahlen U/min Vorschübe[3] mm/min	Platzbedarf rd. m	Leistungsbedarf kW Gewicht kg rd.
Handhebelmaschinen						
Mellert HF 2	0	415×135 (280/100/195)	16 B (Zangensp.)	400—2500 von Hand		0,4 155
Schlegel & Volk SCHLEVO	0	720×270 (440/140/300)	MK 4 (ST 40)	112—2240 von Hand	1,5×1,4	2,2 1090
Waagerecht-Einfachmaschinen						
L. Loewe FW 3	0	600×200 (300/(40)/300)	ST 30	45—1400 8— 630	1,5×1,4	2,1 1000
Fr. Werner 4.100	0	725×225 (250/155/350)	ST 30	38—1900 12— 380	1,2×1,2	1,5 600
Wanderer OF	0	800×250 (600/225/400)	MK 4 (ST 40)	47,5— 750 11,8— 530	2,0×1,8	2,2 1100
L. Loewe FW 4	1	800×280 (500/(40)/300)	ST 40	36—1120 8— 630	1,9×1,6	3,1 1170
Fr. Werner 9.101	1	900×300 (500/(40)/350)	ST 40	45—1400 16— 560	2,0×1,6	3,1 1200
8.102	2	1250×355 (700/160/350)	ST 40	22—1800 6— 224	2,4×1,9	4,7 2100
K. Martin (Jerwag) PW 355/1000	3	1400×355 (1000/150/350)	ST 50	18—1250 21—1230	2,8×2,2	9,0 3100
L. Loewe FH 5	3	1530×355 (950/290/450)	ST 50	22—1000 11— 500	2,5×2,2	9,3 2950
Fr. Werner 2.203	4	1800×400 (1200/370/440)	ST 50	15— 750 10— 480	3,7×2,4	19,0 5000
5.205	5	2300×500 (1400/400/510)	ST 50 (ST 60)	16—1800 7—2000	4,7×3,7	30,0 12000
Waagerecht-Universalmaschinen						
Fr. Werner FU Om	0	750×185 (400/225/390)	ST 30	45—1400 6— 190	1,7×1,5	1,5 750
Fr. Werner 2.211	1	1100×275 (650/225/365)	ST 40	34— 635 6— 190	2,2×1,9	7,1 2200
FU 2D	2	1350×300 (850/320/375)	ST 50	36—1800 16— 500	2,7×2,0	8,5 3200
Wanderer 3 G/U	3	1400×425 (1000/350/450)	ST 50	18— 900 10—1000	2,8×2,3	8—11 5400
L. Loewe FU 5 FS	3	1500×320 (900/250/504)	ST 50	22—1000 11— 500	2,9×2,2	9,1 2900
Fr. Werner FU 4	4	1800×355 (1100/360/410)	ST 50	18—1800 4— 800	3,7×2,4	18 4450

[1] Typen-Bezeichnungen der Herstellfirmen. Maschinengrößen 0 bis 6 entsprechend Tab. 5 u. 6.

[2] Bezeichnungen gemäß Tab. 5. ST = Steilkegel.

[3] Die angegebenen Vorschübe beziehen sich auf die Längs- und Querbewegung. Die selbsttätigen Senkrecht-Vorschübe betragen, soweit vorgesehen, höchstens 33 bis 50% dieser Werte.

Tabelle 7 (Fortsetzung)

Typ und Größe[1]		Tischfläche und Hub (längs, quer, senkrecht) mm	Aufnahmekegel[2]	Drehzahlen U/min Vorschübe[3] mm/min	Platzbedarf rd. m	Leistungsbedarf kW Gewicht kg rd.
Senkrechtmaschinen						
Fr. Werner		560×160	ST 30	96—3000	1,0×1,0	1,6
5.160 S	0	(200/100/180)		5— 150		500
FVlm	1	1100×310	ST 40	68—1270	2,1×1,8	5,0
		(650/235/425)		10— 300		2200
8132	2	1250×355	ST 40	36—1800	2,4×1,9	4,7
		(700/160/350)		8— 280		2250
L. Loewe		1500×355	ST 50	22—1000	2,5×2,2	9,1
FV5	3	(950/325/450)		11— 500		2950
Wanderer		1800×475	ST 50	18— 900	3,1×2,4	11—18
4 G/V	4	(1200/350/450)		10—1000		5300
Fr. Werner		1800×400	ST 50	24—1200	3,7×2,4	18,5
2.233	4	(1200/380/440)		10— 480		5000
Fr. Werner		2300×500	ST 50	14—1400	4,0×2,5	26
FV5	5	(1600/400/500)		8—1600		7100
5.236	6	2600×600	ST 50	16—1800	3,5×2,5	30,0
		(1400/400/510)	(ST 60)	7—2000		12500

Fußnote 1, 2 u. 3 s. S. 14

6. Wirtschaftliche Ausnutzung der einzelnen Bauarten (Typen). Die Ausnutzbarkeit einer Fräsmaschine ist im voraus nicht ohne weiteres zu bestimmen. Trotzdem soll man sich bei der Wahl jeder Maschine überlegen, ob das durch die Anschaffung investierte Geld wenigstens unter günstigen Voraussetzungen den gewünschten Nutzen bringen kann [*10*]. Die für schnellen Arbeitsablauf vorgesehenen Programmschaltungen und weiteren Zusatzeinrichtungen, wie selbsttätige Tischabsenkung und -verriegelung, automatische Spanzustellung für Schruppen und Schlichten, selbsttätige Werkstückzufuhr und -abfuhr, erhöhen zwar den Wert der Maschine, aber auch ihre Anschaffungskosten. Hierbei wird oft die kritische Grenze erreicht. Diese neuzeitlichen Maschinen mit ihrer zunehmenden Verfeinerung und Erweiterung des Arbeitsbereiches rentieren sich daher nur bei einer gesicherten Massenfertigung. Daneben braucht ein großer Verbraucherkreis mit vielseitigem, wechselndem Fertigungsprogramm weiterhin preisgünstige, einfacher gestaltete Fräsmaschinen, die gleichfalls in ausreichendem Maße auf dem Markt sind.

Eine *als Beispiel gedachte* Übersicht über marktgängige Allzweck-, Mehr- und Einzweckfräsmaschinen wird in den vorstehenden Tabellen gegeben[1]. Tab. 5 zeigt verschiedene Größen mit den zugeordneten Aufnahmekegeln, Maschinenleistungen und -gewichten. In Tab. 6 sind einige Baureihen von Waagerecht-Winkeltisch-Fräsmaschinen enthalten. Aus Tab. 7 kann man Werte für Größe und Ausstattung verschiedener Fräsmaschinentypen im einzelnen entnehmen. Es empfiehlt sich, im Bedarfsfalle ähnliche Tabellen jeweils aus den neuesten Firmendruckschriften zusammenzustellen, da die Typen laufend weiterentwickelt werden.

[1] Bei den Abbildungen und Tabellen konnten nur *Beispiele* aus dem umfangreichen Programm der deutschen Werkzeugmaschinenfertigung herausgegriffen werden. Ein Werturteil über die Maschinen oder die Herstellerfirmen ist in keiner Weise beabsichtigt.

II. Der Weg der Fräsmaschine in den Betrieb

Auswahl und Beschaffung einer neuen Fräsmaschine erfordern, wie gezeigt wurde, sorgfältige Überlegung. Aber auch nach Klärung aller hiermit zusammenhängenden Fragen sind noch verschiedene Maßnahmen zu treffen, bevor die Maschine endgültig an dem ihr zugedachten Platz aufgestellt und in Betrieb genommen werden kann. Nach ihrem Eintreffen auf dem Werkgrundstück ist zunächst für eine vorsichtige *Beförderung zum Arbeitsplatz* zu sorgen. Der sachgemäßen *Aufstellung* folgen *Abnahme* und *Probelauf*. Erst wenn sich die Maschine hierbei als in jeder Hinsicht einwandfrei bewährt hat, wird sie in die Fertigung eingereiht und dem Bedienungsmann übergeben, der dann bestimmt auch zu seinem Geld kommt.

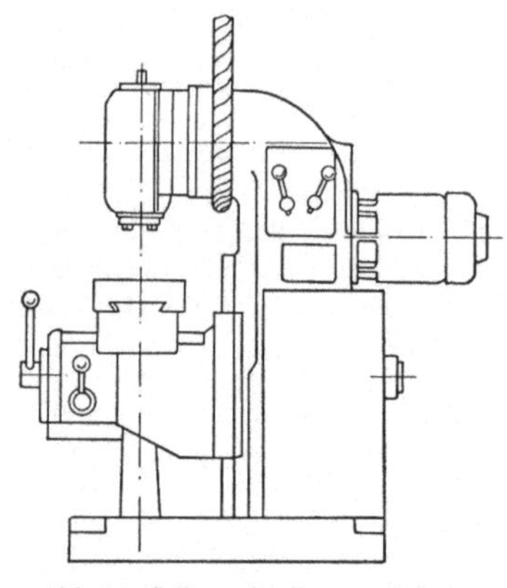

Abb. 16. Seil unmittelbar am Ständer

7. Beförderung zum Arbeitsplatz. Vor Beginn des Transportes werden alle losen Maschinenteile entfernt oder festklemmt. Soweit dann die Maschine mit dem Kran anzuheben ist, sind die Tragseile zu befestigen, aber auf keinen Fall an empfindlichen Maschinenteilen, wie z. B. an Spindeln, die sich verbiegen könnten. Vielmehr empfiehlt es sich, die in der Bedienungsanleitung enthaltenen Hinweise der Lieferfirma für die günstigste Seilbefestigung genau zu beachten (Beispiele: Abb. 16—18). Ist die Maschine glücklich an Ort und Stelle angelangt, so wird man alle Teile vom Schutzlack befreien und das Maschinenzubehör auf Vollständigkeit prüfen. Hierbei festgestellte Mängel sind sofort schriftlich zu melden.

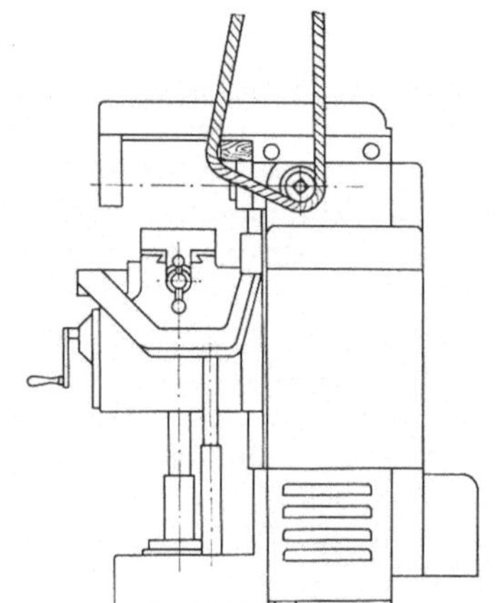

Abb. 17. Seil mit zwischengelegtem Kantholz

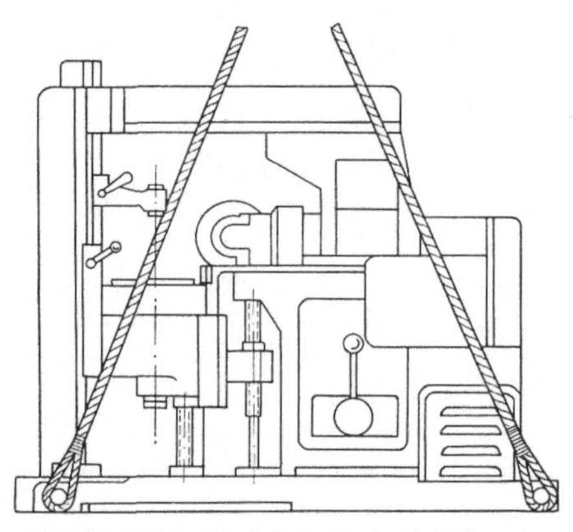

Abb. 18. Seil an Rundeisen, die durch Bohrungen der Grundplatte gesteckt sind

Abb. 16—18. Zweckmäßige Seilbefestigungen für den Maschinentransport

8. Aufstellung der Maschine. Der Standort wird rechtzeitig freigemacht und, für schwere Maschinen, ein festes *Fundament* errichtet. Die Fundamenttiefe hängt von der Beschaffenheit und Trägfähigkeit des Bodens ab. Bei Festlegung der Grundfläche berücksichtige man auch den erforderlichen Arbeitsraum der neuen Fräsmaschine ebenso wie den der benachbarten Maschinen. Außerdem ist genügend

Platz zu lassen für die Beweglichkeit des Bedienungsmannes ebenso wie für Werkzeug- und Werkstücklagerung, vor allem bei Reihenfertigung. Der Aufstellungsplan für eine schwere Wälzfräsmaschine ist in Abb. 19 wiedergegeben, die Anordnung der Fundamentschrauben in den Abb. 20 und 21.

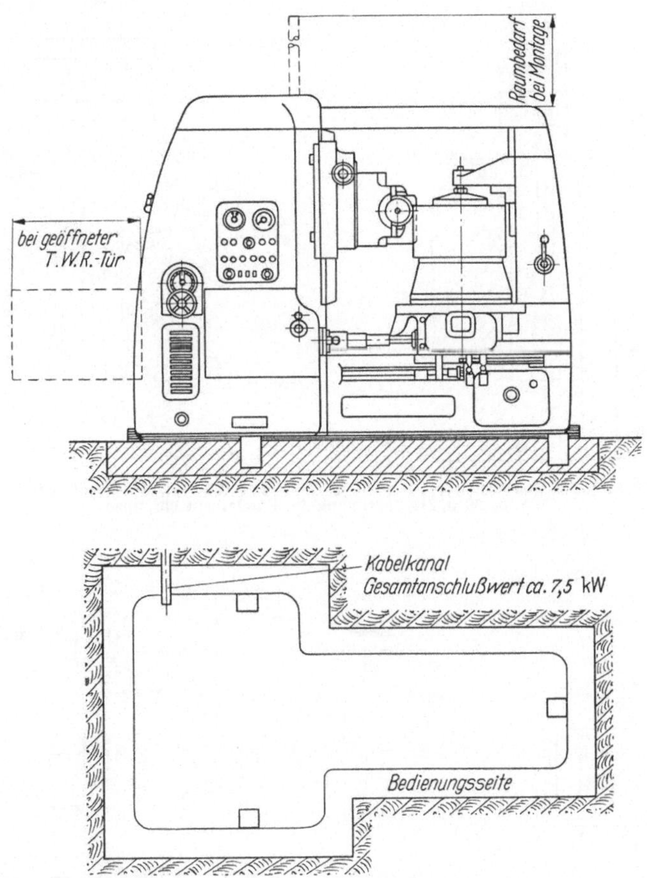

Abb. 19. Aufstellungsplan einer Wälzfräsmaschine (*Liebherr*)

Die auf das Fundament gesetzte Maschine ist dann durch Unterkeilen der Grundplatte genau auszurichten (Abb. 23). Hierbei nur Eisenkeile verwenden! Holzkeile sind ungeeignet, da sie Feuchtigkeit anziehen. Maschinen mit Winkel- oder Knietisch (Konsol) sollen vorwiegend an den Längsseiten unterstützt werden. Werden sie einseitig, z. B. nur vorn, stark unterkeilt, so verzieht sich die Grundplatte und der Knietisch klemmt sich an der Konsolstütze fest. Die zum Ausrichten benutzte Wasserwaage (Genauigkeit 0,04 bis 0,06 mm/1000 mm) wird auf die Konsolfläche oder auf den Frästisch aufgesetzt, nachdem die Konsolklemmung festgezogen ist. Die Maschine wird dann quer und längs ausgerichtet. Danach soll die Klemmung gelöst und nochmals geprüft werden, ob sich der Knietisch gleichmäßig auf- und abwärts bewegen läßt. Andernfalls ist die Grundplatte in der Nähe der Konsolspindelabstützung (Abb. 22) nachzurichten. Steht die Maschine endgültig waagerecht, wird sie mit schnellbindendem Zement (Mischung 1:3) untergossen und zwar so, daß die ganze Sohlfläche ausgefüllt wird (deshalb ausreichend hohe Ausrichtkeile verwenden!). Erst wenn das Fundament genügend ausgetrocknet ist, kann man die Fundamentschrauben nach Wasserwaage gleichmäßig und ohne Gewaltanwendung anziehen.

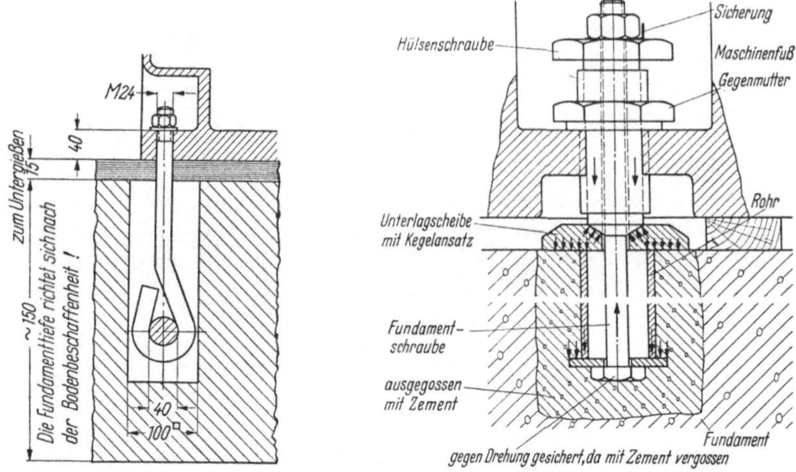

Abb. 20 Einfache Ausführung. Abb. 21. Ausführung mit gesicherter Gegenmutter (*Cincinnati*)
Abb. 20 u. 21. Anordnung der Fundamentschrauben.

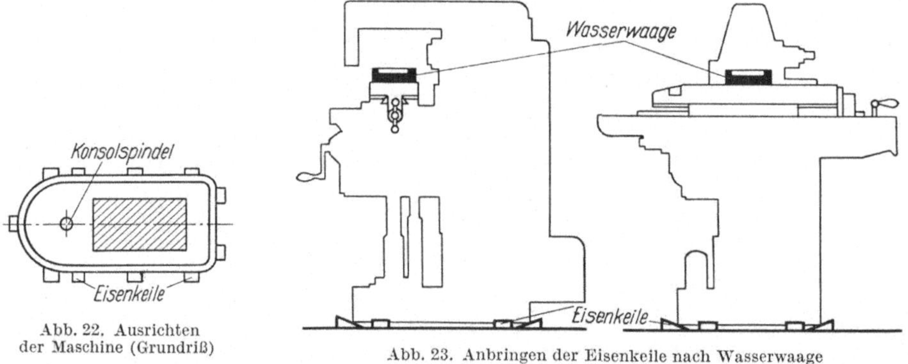

Abb. 22. Ausrichten der Maschine (Grundriß)

Abb. 23. Anbringen der Eisenkeile nach Wasserwaage

Schließlich wird die Maschine nach dem mitgelieferten Schalt- und Installationsplan elektrisch angeschlossen. Stromart, Betriebsspannung und VDE-Sicherheitsvorschriften beachten!

9. Prüfvorschriften. Für die Abnahme von Fräsmaschinen bestehen Prüfvorschriften, die zum Teil genormt sind [*14*]. Da in diesem Buch die genormten Prüfvorschriften nicht ausführlich wiedergegeben werden können, sind in Tab. 8 die wichtigsten Abnahmebedingungen für Waagerecht- und Senkrecht-Knietischfräsmaschinen zusammengestellt. Sie beziehen sich auf den Gegenstand der Messung, die Meßgeräte und die zulässigen Abweichungen. Ausführliche Angaben über die Abnahme-Grundsätze (Meßanleitungen, Meßverfahren, Toleranzen) enthält das Prüfbuch für Werkzeugmaschinen von G. SCHLESINGER [*15*], das auch bei der Lösung schwieriger Meßprobleme wertvolle Aufschlüsse geben kann. Zu prüfen sind, außer der waagerechten Aufstellung der Maschine, Rundlauf und Lage der Frässpindel, Genauigkeit und Lage des Aufspanntisches.

Tabelle 8. *Abnahmebedingungen für Waagerecht (FW)- und Senkrecht (FS)-Knietisch(Konsol)-Fräsmachinen* [1]

Gegenstand der Messung	Meßgeräte	Zulässige Abweichung
A. Ausrichten der Maschine (Ebenheit der Aufspannfläche)	Wasserwaage nach DIN 877	längs und quer ±0,04 mm auf 1000 mm
B. Rundlauf und Lage der Frässpindel		
Innenkegel	Meßuhr, Meßdorn mit Kegelschaft und zylindrischem 300 mm langem Meßzapfen	Rundlauf, 0,01 mm in der Nähe des Schaftes 0,02 mm am Ende des Meßzapfens
Außenkegel	Meßuhr	Rundlauf 0,01 mm
Zentrierzylinder (für Messerkopfaufnahme)		„ 0,01 „
Axialruhe	Meßuhr, in Frässpindel eingesetzte abgeflachte Spitze	0,01 mm (Lager-Ø bis 50 mm) 0,02 mm (Lager-Ø über 50 mm)
Stirnlaufgenauigkeit der Anlagefläche	Meßuhr	0,015 mm (Lager-Ø bis 50 mm) 0,025 mm (Lager-Ø über 50 mm)
C. Genauigkeit und Lage des Aufspanntisches		
Parallelität bei Längsbewegung	Meßuhr, Meßlineal	0,02 mm bis 500 mm Längsbewegung 0,03 mm „ 1000 mm „ 0,04 mm über 1000 mm „
Parallelität bei Querbewegung	Meßuhr, für FW: Meßdorn wie unter B für FS: Meßlineal	0,02 mm für Gesamtverstellung
Parallelität zur Frässpindel (nur für FW)	Meßuhr, Meßdorn wie unter B	0,02 mm auf 300 mm Meßlänge
Rechtwinkligkeit zur Frässpindel (nur für FS)	Meßuhr, Umschlagarm, Lineal	längs und quer 0,01 mm auf 150 mm Meßlänge 0,02 mm auf 300 mm „
Parallelität der Führungsnute zur Längsbewegung	Meßuhr, Anschlagleiste	0,02 mm bis 500 mm Längsbewegung 0,03 mm „ 1000 mm „ 0,04 mm über 1000 mm „
Rechtwinkligkeit der Führungsnute zur Querbewegung	Meßuhr, Kreuzwinkel	0,02 mm für Gesamtverstellung
Rechtwinkligkeit der Führungsnute zur Frässpindel	Meßuhr, Anschlagleiste Umschlagarm	0,02 mm bis 300 mm Meßlänge 0,03 mm „ 450 mm „ 0,04 mm „ 600 mm „
Rechtwinkligkeit der Aufspannfläche zur Ständerführung des Winkeltisches	Meßuhr, Winkel	0,02 mm bis 300 mm 0,03 mm über 300 mm Verstellbarkeit des Winkeltisches

[1] Ausführliche genormte Abnahmebedingungen mit Bildern der Meßanordnung und Meßanleitung enthalten die Normblätter:

DIN 8615 Waagerecht-Fräsmaschinen
„ 8616 Senkrecht-Fräsmaschinen
„ 8618 (Entwurf) Lang-Fräsmaschinen
„ 8642 Wälzfräsmaschinen mit senkrechter Werkstückachse
„ 8646 Teilfräsmaschinen (für Werkstücke bis 25 mm Durchmesser).

Tabelle 8 (Fortsetzung)

Gegenstand der Messung	Meßgeräte	Zulässige Abweichung
Rechtwinkligkeit der Führung des Fräserschlittens (nur für FS)	Meßuhr, Winkel	0,01 mm bis 100 mm 0,02 mm über 100 mm Verstellbarkeit des Frässchlittens
Parallelität der Gegenhalterführung zur Frässpindelachse (nur für FW)	Meßuhr, Meßdorn, Prismenleiste	0,02 mm auf 300 mm Meßlänge (senkrecht und waagerecht)
Fluchten der Gegenlagerbohrung mit der Frässpindelbohrung (nur für FW)	Meßuhr (mit Aufnahme in Frässpindel) Meßdorn (im Gegenlager)	0,03 mm bei 300 mm Entfernung des Gegenlagers von Ständerfläche, 0,04 mm bei 400 mm Entfernung
Rechtwinkligkeit der Aufspannfläche zur Ständerführung des Winkeltisches (nur für FS)	Meßuhr, Winkel	0,02 mm bis 300 mm 0,03 mm über 300 mm Verstellbarkeit des Winkeltisches

10. Schmierung und Probelauf. Jede neue Maschine wird ohne Ölfüllung geliefert. Sie ist daher vor Inbetriebnahme gründlich zu reinigen und gemäß Schmieranweisung (Abb. 24 und Tab. 9 u. 10) sorgfältig abzuschmieren.

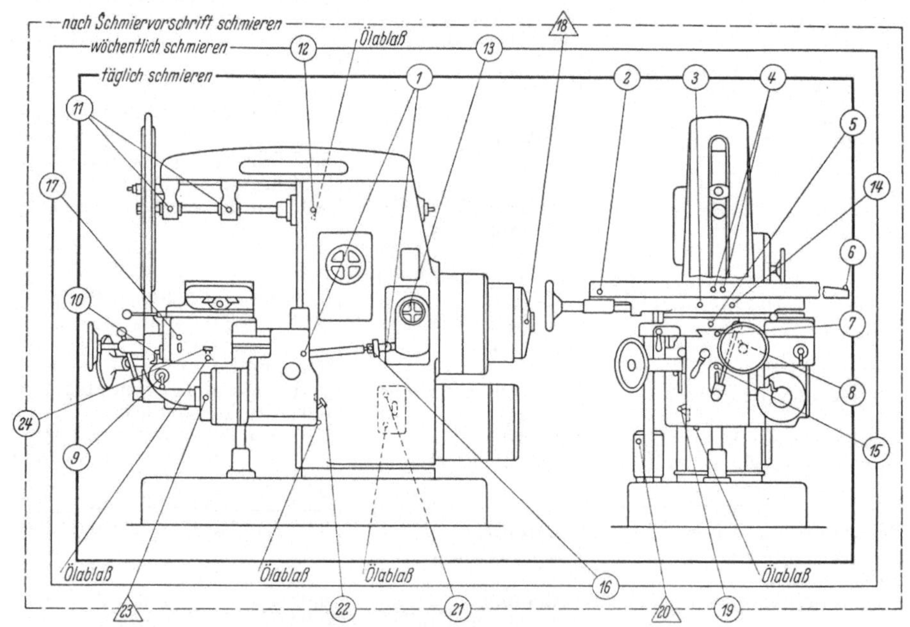

Abb. 24. Schmierplan einer Universal-Fräsmaschine (*Werner*). Siehe hierzu die Tabellen 9 u. 10

Tabelle 9. *Schmierstoffübersicht (s. Abb. 24)*

DIN-Bezeichnung	Werksbezeichnung	Zähigkeit	Kennzeichen
Lagerschmieröl BRu DIN 6543	vgl. Tab. 11	3,5—4,5 E bei 50° C	○
Wälzlagerfett A DIN 6562	vgl. Tab. 11	Tropfpunkt nicht unter 140° C	△

Tabelle 10. *Schmiervorschrift (s. Abb. 24)*

Schmierhäufigkeit (für einschichtigen Betrieb)	Schmierstelle Nr.	Schmierstoffmenge	Bemerkungen
täglich	1	3—4 Tropfen	
täglich	2—8	3—4 Hübe	Ölpresse
täglich	9, 10	3—4 Umdrehungen	2 Hand-Ölpumpen
täglich	11	Nachfüllen bis zur Unterkanten Öffnung	
wöchentlich	12, 14	Nachfüllen bis zur Unterkanten Öffnung	
wöchentlich	13	3—4 Hübe	Ölpresse
wöchentlich	15, 17	Nachfüllen bis zur oberen Ölstandsmarke	bei unterer Marke unbed. nachfüllen
wöchentlich	16	1—2 Hübe	Ölpresse
monatlich	19, 21, 22	Nachfüllen bis zur oberen Ölstandsmarke	bei unterer Marke unbed. nachfüllen
monatlich	24	Nachfüllen bis Unterkante Öffnung	
jährlich	18, 20, 23	Wälzlager max. zur Hälfte mit Fett füllen	

Ölstand an den Schaugläsern laufend überwachen

Tabelle 11. *Geeignete Schmiermittel für Fräsmaschinen-Lager*

Lagerschmieröle: N 36 DIN 51501, Zähigkeit 4,5 ± 0,25 E 50°
z. B. BP-Energol HP 20
Esso-Esstic 50
Gasolin-Spezialöl K
Shell-Voltol Gleitöl II
Vacuum-Gargoyle Vactra mittelschwer X
Wisura-Dynex 2
Wälzlagerfette: A DIN 6562, Tropfpunkt nicht unter 140° C
z. B. BP-Olex K 5 w
Esso-Andok B
Gasolin-Motanol
Shell-Fett FP 4
Vacuum-Gargoyle Fett 1200
Wisura-WLM

a) Art der Schmierung. Die einzelnen Schmierstellen lassen sich in drei Gruppen zusammenfassen: Lager, Getriebe, Führungs- und Gleitbahnen.

Die *Lager* werden mit Öl oder Fett geschmiert, und zwar Wälzlager fast durchweg mit Fett, Gleitlager überwiegend mit Öl. Geeignete Sorten [*16*] sind in Tab. 11 zusammengestellt. Die Auswahl der Schmiermittel für ölgespeiste Lager richtet sich nach Belastung und Drehzahl. Für die üblichen Lagerpassungen nimmt man Öl mit einer Viskosität[1] von 4,5 E 50°. Für Lager mit sehr engen Passungen und

[1] Nach Prof. Engler wird die in „Engler“ ausgedrückte Zähflüssigkeit (Viskosität) des Öles zur Zähflüssigkeit des Wassers in Beziehung gesetzt. Ein Öl 4,5 E 50° braucht bei 50° C 4,5 mal soviel Zeit wie Wasser von 4°C, um aus dem Engler-Meßgerät auszufließen.

bei hohen Spindeldrehzahlen (bis etwa 6000 U/min) sind hochwertige Spindelöle mit einer Viskosität von 2 bis 3 E 20° zu verwenden.

Mechanische *Getriebe*, z. B. Zahnradgetriebe, kommen in der Regel mit dem gleichen Öl wie die Lager aus. Für Schneckengetriebe und andere Getriebe mit besonders hohen Flächenpressungen (z. B. stufenlos verstellbare) sind dickflüssigere Öle zu empfehlen. Flüssigkeitsgetriebe benötigen hochwertige Hydrauliköle. Von diesen wird verlangt: geeignete Viskosität, die möglichst unabhängig von der Temperatur sein soll, ferner Oxydationsfestigkeit und Alterungsbeständigkeit. Sie sollen außerdem frei sein von Bestandteilen, die Metalle, Kunststoffe, Leder und Gummi angreifen.

Führungen und Gleitbahnen werden in der Regel mit denselben Ölen oder Fetten wie die Lager und Getriebe versorgt.

Richtlinien für Einkauf und Prüfung von Schmiermitteln sind auch im DIN-Taschenbuch 20 [*17*] enthalten.

b) Probelauf. Nachdem man sich mit allen Bedienungselementen mit Hilfe der Betriebsanleitung vertraut gemacht hat, kurbelt man alle Tischbewegungen bei gelösten Klemmungen von Hand durch. Wenn hierbei keine Störungen auftreten, niedrigste Drehzahl einstellen, Maschine einschalten und leer laufen lassen, bis alle Teile gut mit Öl versorgt sind. Beim Probelauf soll die Fräsmaschine unter sorgfältiger Beobachtung etwa eine Stunde ohne Last laufen. Später Drehzahl und Vorschub nur allmählich steigern, damit Maschine nicht zu warm wird und Schaden leidet.

III. Der praktische Einsatz der Fräsmaschine im Betrieb

A. Hinweise für die Bedienung

Der glatte Ablauf der Fräsarbeit hängt von der richtigen Bedienung der Fräsmaschine ab. Wertvolle ausführliche Angaben enthält die *Betriebsanleitung*, die jeder Maschine beigegeben wird. Sie ist nicht dazu bestimmt, im Schreibtisch des Meisters oder im Bücherschrank des Betriebsleiters ein stilles Dasein zu fristen. Vielmehr soll sie genau studiert und auch immer wieder zu Rate gezogen werden, wenn etwas nicht klappen will; nur dann ist es dem Bedienungsmann möglich, die Leistungsfähigkeit seiner Maschine auszunutzen und zu erhalten. Die schnell fortschreitende Entwicklung der Fräsmaschinen bringt es zudem mit sich, daß auch erfahrene Universalfräser ständig Neuerungen hinsichtlich der Bedienungselemente und Schaltmöglichkeiten antreffen, die ihnen noch nicht bekannt sind. Zu diesen gehört die neuzeitliche Programmsteuerung mit den *genormten Sinnbildern*, deren Kenntnis unerläßlich ist. Schließlich ist auf die *Wartung und Pflege* der Maschine zu achten, wenn ein ungestörter Arbeitsfluß gewährleistet sein soll.

11. Die Betriebsanleitung. Die Verschiedenartigkeit der Fräsmaschinentypen hat zur Folge, daß auch die Betriebsanleitungen in vielen Einzelheiten z. T. erheblich voneinander abweichen. Hinsichtlich der grundsätzlichen Aufgliederung sind sie jedoch gleich. Sie enthalten Angaben über Maschineneinsatz, über die Aufstellung, über die Inbetriebnahme des elektrischen Anschlusses nach sachgemäßer Ausführung und über die laufende Bedienung und Wartung. Die *Angaben für den Maschineneinsatz* beziehen sich auf die Hauptabmessungen und den konstruktiven Aufbau der Maschine (vgl. Kap. I). Über die für die Aufstellung und Inbetriebnahme erforderlichen Maßnahmen wurde bereits in den Abschnitten 8 und 9 berichtet. Auf die *Bedienung und Wartung* soll jetzt näher eingegangen werden.

12. Die Bedienung der Fräsmaschine umfaßt das Aufspannen von Werkstück und Werkzeug (Hilfsmittel vgl. S. 32), das Einstellen (Vorwählen) der Arbeitsrichtung und -geschwindigkeit für Frässpindel und Tisch, das Anstellen des Spanes und das Schalten der Arbeitsbewegungen. Das Grundsätzliche der erforderlichen einzelnen Handgriffe soll an zwei Beispielen, einer Allzweck- und einer Einzweck-Fräsmaschine, erläutert werden.

a) Allzweck(Standard)- oder Universal-Fräsmaschine (Abb. 25).

1. Einstellen von Drehzahl und Vorschub. Drehzahl der Frässpindel (U/min) mit Handrad *3* während des Auslaufs der Maschine einstellen. Soweit zwei Drehzahlbereiche vorhanden, hierbei Farbmarkierung beachten. Zum Einstellen der Vorschubgeschwindigkeit Handrad *4* drehen. Nicht unter Last schalten! Zahlen in der Schauöffnung geben Längs- und Quervorschub in mm/min an. Senkrechtvorschub beträgt 50% des eingestellten Wertes. Auch hierbei Farbmarke beachten.

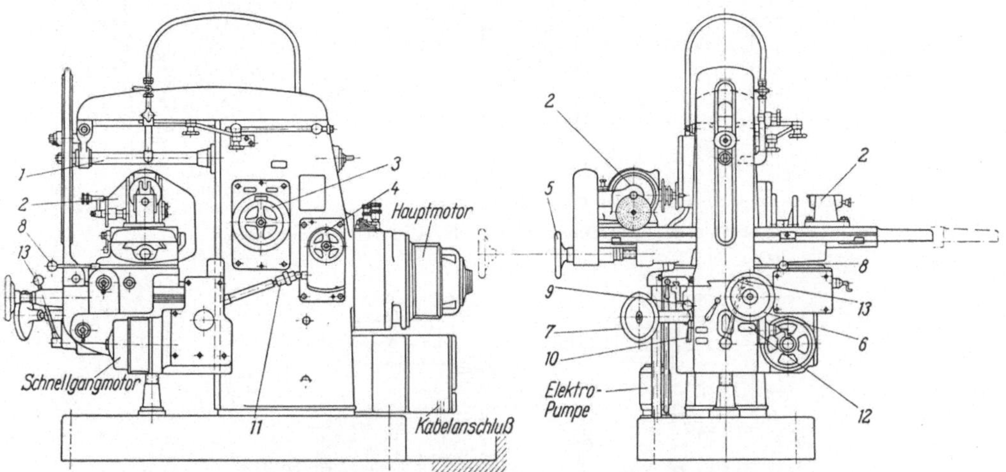

Abb. 25. Einrichtungen und Bedienungselemente einer Allzweck-Fräsmaschine (*Werner*)
1 Fräserdorn, *2* Teilkopf, *3* Drehzahleinstellung, *4* Vorschubregelung, *5* Längsverstellung des Tisches, *6* Querverstellung, *7* Senkrechtverstellung, *8* Hauptschalthebel, *9* u. *10* Schalthebel für selbsttätigen Quer- und Senkrechtvorschub, *11* Abscherstift (Vorschubsicherung), *12* u. *13* Schnellgangschaltung

2. Tischverstellung von Hand. Zum Einrichten der Maschine und Anstellen des Spanes wird der Tisch von Hand verstellt und zwar längs mit Handrad *5*, quer mit Handrad *6* (vorher Kugelgriffe der Unterschlittenklemmung lösen), senkrecht mit Handrad *7* (vorher Kugelgriff der Konsolklemmung sowie Mutter an Gegenhalterstütze lösen).

Für die Schrägverstellung des schwenkbaren Tisches Klemmuttern lösen, Winkel nach Skala einstellen, dann Muttern wieder festziehen.

3. Tischanschläge. Endstellungen des Tisches sind durch Sicherheitsanschläge festgelegt, die keinesfalls entfernt werden dürfen. Dagegen werden die Arbeitsanschläge für die Selbstgänge (längs, quer, senkrecht) gelöst, entsprechend dem gewünschten Fräsweg verschoben und wieder festgeschraubt (vgl. Abb. 33).

4. Schalten der Arbeitsbewegungen. Nachdem die Maschine mit dem Hauptschalter unter Spannung gesetzt ist, werden Arbeitsbewegungen mit Hauptschalthebel *8* (wie mit einem Steuerknüppel) geschaltet.

Für das *Einrücken der Frässpindel* zunächst Sperre durch Herausziehen des Kugelgriffes lösen und Schalthebel *8* nach oben drücken. In der Mittelstellung ist Spindel ausgerückt; zum Bremsen Hebel nach unten.

Die *Selbstgänge des Tisches* laufen nur bei eingeschalteter Frässpindel, also nur in der oberen Stellung des Hebels *8*, mit dem auch die Längsbewegung durch Umlegen nach rechts oder links gesteuert wird. Die Selbstgänge quer und senkrecht werden mit einem weiteren Hebel *9*, der in die obere oder untere Lage gebracht wird, eingeschaltet. Zuvor ist der Hebel *10* auf „Quer" bzw. „Senkrecht" zu stellen. Hierbei achte man unbedingt darauf, daß vorher die Klemmungen der bewegten Schlitten gelöst und die der nicht bewegten festgezogen werden. Als Überlastungssicherung bei Fehlschaltungen oder bei anderen plötzlichen Störungen ist eine

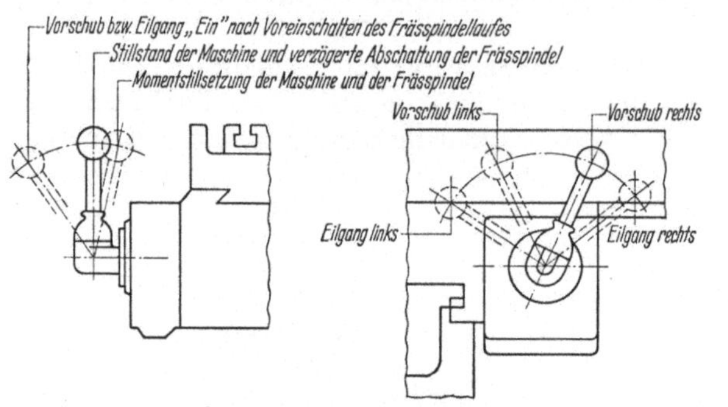

Abb. 26. Einhebelsteuerung für Frässpindel, Vorschub und Eilgang

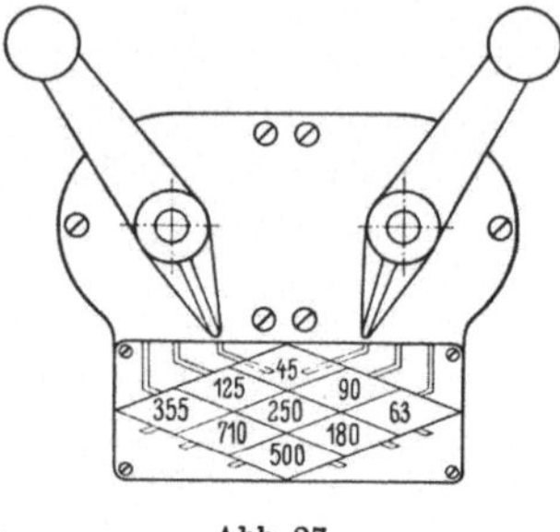

Abb. 27. Drehzahleinstellung mit 2 Hebeln (eingestellter Wert $n = 45$)

Abb. 26 u. 27. Steuerelemente einer Allzweck-Fräsmaschine (*Loewe*)

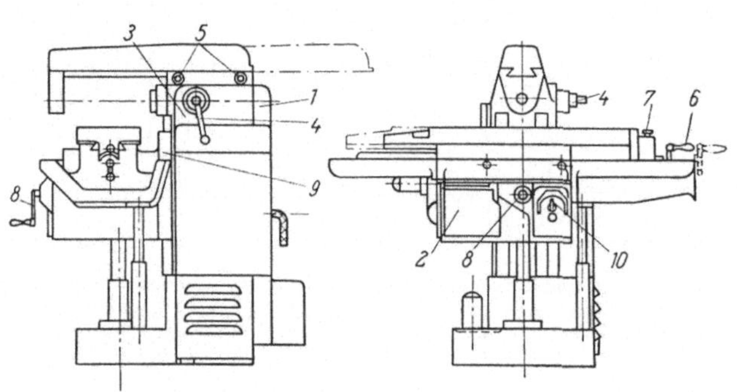

Abb. 28. Griffelelemente einer Mehr- oder Einzweck (Produktions)-Waagerecht-Fräsmaschine (*Loewe*). Hierzu Abb. 29 bis 31

1 Drehzahl-Wechselräder, *2* Kasten für Vorschub-Wechselräder, *3* Pinolen-Klemmschraube, *4* Handkurbel für Pinolenverstellung, *5* Klemmuttern für Gegenhalter, *6* Handkurbel für Tischlängsbewegung, *7* Indexbolzen, *8* Handkurbel für Tischsenkrechtbewegung, *9* Konsolklemmung, *10* Schwenktaster für selbsttätige Tischlängsbewegung (vgl. Abb. 30)

Abscherkupplung in die Gelenkwelle *11* eingebaut. Der gebrochene Abscherstift kann nach Behebung des Schadens schnell durch einen neuen aus Federstahl 1,6 ⌀ ersetzt werden. Solange der durch Schalter *12* eingeschaltete Schnellgangmotor läuft, leuchtet eine Signallampe. Der Schnellgang selbst wird mit Hebel *13* eingerückt, der festzuhalten ist. Beim Loslassen kehrt er selbsttätig in die mittlere Ausgangsstellung zurück, wodurch der Eilgang sofort wieder ausgerückt wird.

Die Steuerelemente einer anderen Type sind in Abb. 26 u. 27 dargestellt. Näheres über die verschiedenen Stufengetriebe findet man an anderer Stelle [*18*—*20*].

b) Mehr- oder Einzweck(Produktions)-Waagerecht-Fräsmaschine (Abb. 28—31). Bei diesen Fräsmaschinen, die vor allem in der Großreihenfertigung verwendet werden, brauchen die Drehzahlen und Vorschübe nicht so häufig gewechselt zu werden, wie bei den in der Einzelfertigung eingesetzten Universal-

Fräsmaschinen. Für die Geschwindigkeitsänderung sind Wechselräder vorgesehen. Es sind daher nur wenige Bedienungshebel (Abb. 28) erforderlich, was die Bedienung der Maschine wesentlich vereinfacht.

Drehzahl und Vorschub werden durch Aufsetzen der in Tabellen (Abb. 29) angegebenen Wechselräder eingestellt. Diese sind innen an der Ständertür *1* bzw. an der Vorschubkastentür *2* angebracht. Hierbei beachten: Räderwechsel nur bei stillstehender Frässpindel, ebenso Vorschub nicht bei geöffnetem Vorschubkasten einschalten! Beim Räderwechsel Mutter lösen, Vorsteckscheibe herausnehmen und Zahnräder austauschen. Neuaufgesetzte Räder durch Vorstecken der Scheibe und Anziehen der Mutter wieder sichern.

U/min			
35,5	32		71
45	37		66
56	43		60
71	49		54
90	54		49
112	60		43
140	66		37
180	71		32
224		32	71
280		37	66
355		43	60
450		49	54
560		54	49
710		60	43
900		66	37
1120		71	32

Abb. 29. Wechselrädertabelle

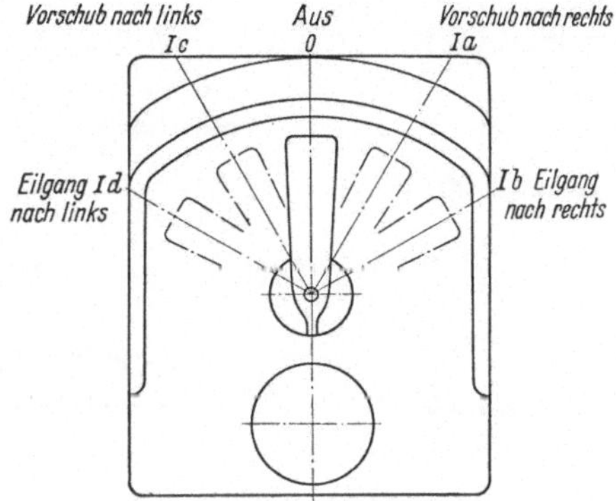

Abb. 30. Schwenktaster

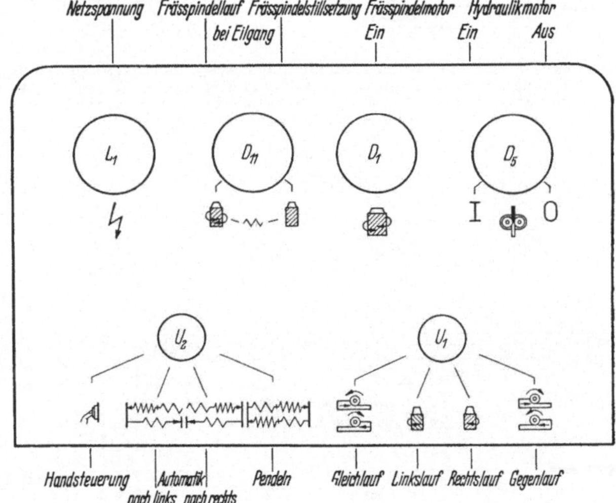

Abb. 31. Bedienungstafel des Schaltschrankes (Programmsteuerung)

Pinolenverstellung: Bei Produktionsmaschinen ist oft für den Tisch keine Querverstellung vorgesehen, vielmehr wird die Frässpindel mit dem Fräser dann durch Pinolenverstellung seitlich in die gewünschte Stellung zum Werkstück gebracht. Hierfür Klemmschraube *3* lösen, Pinole mit der Handkurbel *4* verstellen und wieder festklemmen. Zum Festklemmen des Gegenhalterbalkens dienen die Muttern *5*, während für die Gegenhalterstützen weitere Spannmuttern vorgesehen sind.

Tischbewegungen: Beim *Einrichten* wird der Tisch *von Hand* in die richtige Lage zur Frässpindel gebracht. Bei der ersten Vierteldrehung der Tischspindel ist zu prüfen, ob er nicht verspannt ist. Für die Längsbewegung Handkurbel *6* nach Herausziehen des Indexbolzens *7* betätigen. Mit Handkurbel *8* kann der Tisch senkrecht bewegt werden, nachdem zuvor Konsolklemmung *9* und die Klemmschraube der

Gegenhalterstützen gelöst sind. Tisch dann in der richtigen Lage wieder festziehen.

Beim *Fräsen* wird die selbsttätige Tischlängsbewegung mit dem Schwenktaster *10* (Abb. 28 u. 30) eingeschaltet.

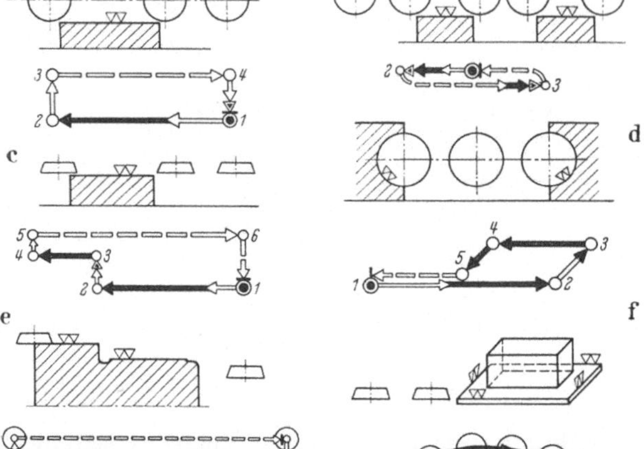

Abb. 32a—h. Verschiedene Möglichkeiten der Programmschaltung (*Heller*). a)—c) Sprungschaltungen mit abwechselndem Eilgang und Vorschub (stark ausgezogen); d) Pendeltauchfräsen; e) Stufenfräsen; f) Viereckfräsen; g) u. h) Nachformfräsen

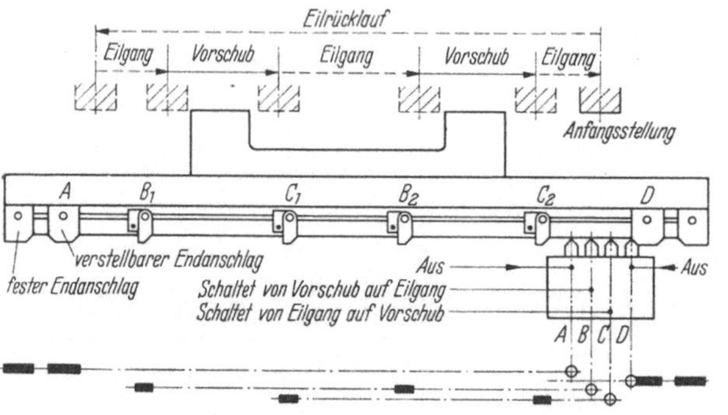

Abb. 33. Durch Endanschläge werden die einzelnen Arbeitsgänge gesteuert (Sprungtischfräsen)

Tasterstellung *O* (Mitte): Aus. Tasterstellung *Ia*: Tisch läuft im Arbeitsvorschub nach rechts. Bei weiterer Schwenkung nach rechts, Stellung *Ib*: Eilgang rechts. In gleicher Weise Linksbewegung (*Ic*, *Id*).

Die Bedienungstafel des Schaltschrankes, an der die verschiedenen Steuervorgänge der Programmsteuerung eingestellt werden können, zeigt Abb. 31. Mit Wahlschalter U_1 wird die Drehrichtung der Frässpindel vorgewählt (links, rechts), mit dem Wahlschalter U_2 die Steuerungsart (Handsteuerung, Automatik nach links oder rechts). Die Bewegungen selbst können erst nach Betätigung der Drucktaste L_1 des Hauptschalters (Anlegen der Netzspannung) ausgelöst werden. Drucktaste D_1: Einschalten des Frässpindelmotors, Wahldrucktasten D_{11}: Frässpindellauf bei Eilgang, D_5: Ein- und Ausschalten des Hydraulikmotors.

Verschiedene Möglichkeiten der Programmschaltung sind in Abb. 32 dargestellt. Abb. 33 zeigt die Wirkungsweise der Endschalter beim Sprungtischfräsen.

B. Sinnbilder für textlose Bedienschilder

13. Anwendungsmöglichkeiten. Halbautomatische Produktionsfräsmaschinen sind mit Wahlschaltern ausgerüstet, die meist auf einer Steuertafel zusammengefaßt werden. In Verbindung mit leicht verschiebbaren kleinen Tischanschlägen ist es dann möglich, mit wenigen Schwenktastern und Druckknöpfen sowohl den Tischvorschub und -eilgang als auch die Frässpindel zu schalten und die Maschine in allen ihren Bewegungsrichtungen mühelos zu bedienen.

Tabelle 12. *Sinnbilder für Bedienschilder an Fräsmaschinen (vgl. Entwurf DIN-55003)*

I. Kommando-Sinnbilder

Bedeutung	Nr.	Sinnbild	Bedeutung	Nr.	Sinnbild
Ein	2.9.11		Alles aus (Notschalter)	2.9.31	
Aus	2.9.12		Handbetätigung (Handrad)	2.9.51	
Ein — Aus	2.9.12				
Tippen	2.9.22		Handbetätigung (Schalthebel)	2.9.52	

II. Hinweis- und Vorbereitungssinnbilder

Bedeutung	Nr.	Sinnbild
Geradlinige Bewegung in einer Richtung	2.1.01	
Geradlinige Bewegung in beiden Richtungen	2.1.02	
Unterbrochene geradlinige Bewegung in einer Richtung	2.1.03	
Begrenzte geradlinige Bewegung	2.1.04	
Begrenzte geradlinige Hin- und Herbewegung Doppelhub	2.1.05	
Geradlinige Bewegung, pendelnd	2.1.06	
Drehbewegung in einer Richtung	2.1.11	
Drehbewegung in beiden Richtungen	2.1.12	
Unterbrochene Drehbewegung in einer Richtung	2.1.13	
Begrenzte Drehbewegung	2.1.14	
Begrenzte Drehbewegung in beiden Richtungen	2.1.15	
Drehbewegung, pendelnd	2.1.16	
1 Umdrehung, Umdrehungen	2.1.17	
Drehrichtung von Spindeln	2.1.18	
Zunahme einer Größe	2.1.33	+
Abnahme einer Größe	2.1.34	−
Stufenlose Regelung, stufenlose Verstellung	2.1.35	
Vorschub	2.1.51	
Eilgang	2.1.52	
Arbeitsstufe grob	2.1.61	▽
Arbeitsstufe fein	2.1.62	▽▽
Klemmen, Spannen	2.2.01	
Lösen	2.2.02	

Tabelle 12 (Fortsetzung)

Bedeutung	Nr.	Sinnbild
Bremsen	2.2.03	
Bremse lösen	2.2.04	
Antrieb über Zahnräder (Wechselräder usw.)	2.2.11	
Antrieb über Riemen	2.2.12	
Antrieb über Kette	2.2.13	
Schalthebel	2.2.21	
Nur im Stillstand schalten (in beiden Richtungen)	2.2.22	
Reliefschablone (Bezugsformstück)	2.2.44	
Kopieren (Nachformen)	2.2.51	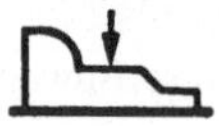
Hydraulik	2.3.01	
Pumpe, allgemein	2.3.11	
Kühlmittel	2.3.31	
Ablaßöffnung	2.5.14	
Ölschmierung	2.5.31	
Schmierpresse	2.5.32	
Schmierkennzeichen nach DIN 8659 (Öl, Fett, Hydrauliköl)	2.5.41	
Langtisch	2.6.11	
Rundtisch	2.6.12	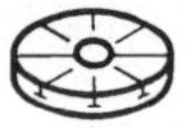
mechanische Überlastungssicherung	2.6.51	
Elektromotor	2.8.11	
Hauptschalter	2.8.21	
Licht (DIN 49291)	2.8.31	

Tabelle 12 (Fortsetzung)

Bedeutung	Nr.	Sinnbild
Vorsicht Spannung (DIN 40006)	2.8.41	
Gegenlauffräsen		
Gleichlauffräsen		
Schnittgeschwindigkeit		
Frässpindel		

Um die Steuertafeln klar und allgemein verständlich zu gestalten, ist man dazu übergegangen, die einzelnen Schaltstellungen nicht durch Text, sondern durch Sinnbilder zu erläutern. Schon seit Jahren haben sich in anderen Ländern hierfür Tierbilder, z. B. Hase für Eilgang und Schildkröte für Arbeitsvorschub (Abb. 34), eingeführt. In Deutschland hat man sich endgültig für technische Zeichen entschieden [*21*, *22*]. Im Normblatt-Entwurf DIN 55003 finden wir die wichtigsten Grundsinnbilder, wie sie für die meisten Werkzeugmaschinen geeignet sind. Eine durch werkseigene Symbole ergänzte Auswahlreihe, vorzugsweise für Fräsmaschinen, ist in Tab. 12 zusammengestellt.

Abb. 34a u. b. Tierbilder als Bedienschilder. a) Hase = Eilgang, b) Schildkröte = Arbeitsvorschub

14. Aufteilung. Drei Gruppen von Sinnbildern sind vorgesehen: Die entscheidenden *Kommandosinnbilder* dürfen nur dort angebracht werden, wo eine Bewegung veranlaßt oder beendet wird, z. B. für „Ein“ und „Aus“ bei maschinellem Antrieb.

Die *Hinweissinnbilder* weisen auf wichtige Maschinenteile wie Tisch, Motor, Hauptschalter, Licht u. a. m. hin.

Bewegungs- und Drehrichtung von Tisch und Spindel, Vorschub, Eilgang und Arbeitsstufe, Antriebsart werden durch *Vorbereitungssinnbilder* angegeben. An der durch das Schild mit dem Sinnbild gekennzeichneten Stelle wird die Bewegung in bestimmter Richtung oder Größe vorgewählt, ohne daß eine Bewegung oder Zustandsänderung eintritt.

Auf Farbkennzeichnung hat man im allgemeinen verzichtet, damit nicht durch Farbblindheit Fehlschaltungen hervorgerufen werden können. Nur der meist als Pilztaster ausgebildete Notdruckknopf (Tab. 12, Nr. 2.9.31), mit dem aus jedem Bewegungszustand heraus alle Bewegungen augenblicklich stillzusetzen sind, ist rot (Feuerwehrrot nach RAL 3000).

15. Ausführungsform. Als Beispiel für die Anwendung der Sinnbilder soll die in Abb. 35 gezeigte Steuertafel dienen. Die Schwenktaster *A* und *B* sind *Kommandoschalter*, wie an den Sinnbildern „Ein“ und „Aus“ auf den ersten Blick zu erkennen ist. Mit Schwenktaster *A* wird die Netzspannung an die Maschine gelegt. Der Schalter *B* schaltet die Tischbewegungen ein, und zwar entweder nur bei Druckknopfbetätigung (*I*·) oder selbsttätig durch Tischanschläge (*I*–). Die

Tabelle 13. *Sinnbilder für Arbeitsgänge beim Fräsen*

Fräsart und Ablauf des Arbeitsganges	Sinnbilder (Darstellung durch Kurzzeichen)
1 *Einrichten der Fräsmaschine* Tischvorschub, Eilgang, Frässpindel von Hand geschaltet	
2 *Einfaches Produktionsfräsen*	
a von rechts nach links Ingangsetzen durch Druckknopf — Eilgang bis Anschlag — Vorschub bis Anschlag, dann schnell Halt — Auslösen des Rücklaufes (Eilganges) durch Druckknopf — Halt in Ausgangsstellung durch Anschlag	
b von rechts nach links, ohne Halt bis zur Ausgangsstellung zurück Arbeitsablauf wie unter *a*, jedoch selbsttätiger Schnellrücklauf, ausgelöst durch Anschlag	
c von links nach rechts Arbeitsablauf wie unter *a*	
d desgl., ohne Halt bis zur Ausgangsstellung Arbeitsablauf wie unter *b*	
3 *Produktionsfräsen mit Sprungvorschub*	
a von rechts nach links Ingangsetzen durch Druckknopf — Eilgang bis Anschlag — Vorschub bis Anschlag — wieder Eilgang bis Anschlag — Vorschub bis Anschlag — Schnellrücklauf nach Auslösen durch Druckknopf	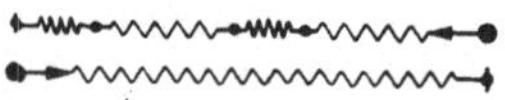
b desgl., ohne Halt bis zur Ausgangsstellung	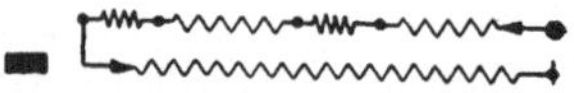
c von links nach rechts, sonst wie *a* (*d* desgl. wie *b*, aber spiegelbildlich)	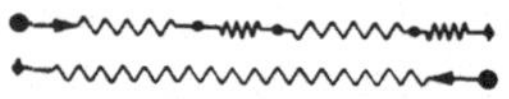
4 *Produktions-Pendelfräsen*	
a Schnellrücklauf erst nach Druckknopfbetätigung	
b Ununterbrochenes Pendelfräsen nach einmaligem Ingangsetzen	
5 *Produktions-Pendelfräsen mit Sprungvorschub*	
a Schnellrücklauf nach Druckknopfbetätigung	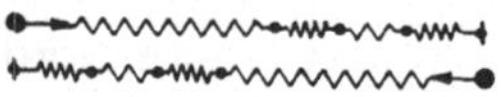
b Ununterbrochen, nach einmaligem Ingangsetzen)	
6 *Produktionsfräsen mit automatisch schaltendem Teilapparat*	
a Schnellrücklauf erst nach Druckknopfbetätigung	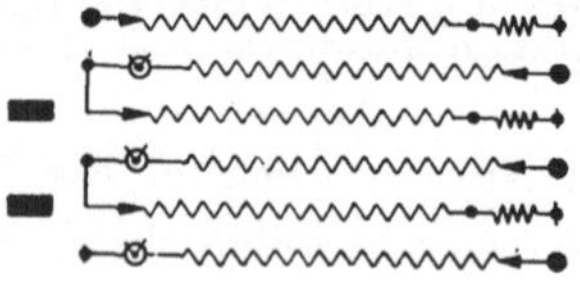

Tabelle 13 (Fortsetzung)

Fräsart und Ablauf des Arbeitsganges	Sinnbilder (Darstellung durch Kurzzeichen)
b Ununterbrochener Ablauf mit selbsttätigen Stillsetzen nach dem letzten Schnitt (Beispiel für 3 Teilungen)	
c/d wie *a/b*, jedoch mit Mehrfach-Teilapparaten und Mehrfach-Schwenktischen	

- Ingangsetzen durch Druckknopf
- Umschalten durch Tischanschlag
- Selbsttätiger Rücklauf durch Tischanschlag
- Einmaliges Ingangsetzen bei ununterbrochenen Arbeitsabläufen
- Halt durch Tischanschlag
- Schalten des Teilapparates

Schwenktaster *C*, *D* und *E* sind Vorwählschalter, denen Vorbereitungssinnbilder zugeordnet sind.

Vorschubschalter C. Stellung *C 1*: Vorschub und Eilgang bei Handbetätigung (Rüsten oder Probelauf der Maschine).

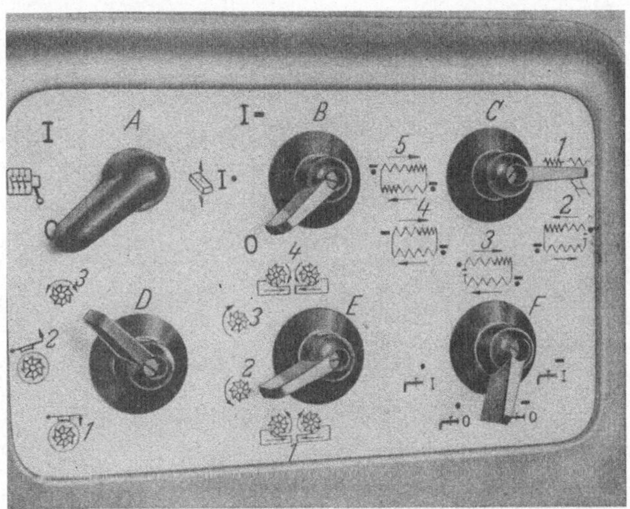

Abb. 35. Steuertafel einer Produktionsfräsmaschine (*Werner*). Kommandoschalter *A* und *B* lösen Bewegung aus, Vorwählschalter *C*, *E*, *F* ermöglichen Programmwahl, Schwenktaster *D* steuert Frässpindel

Stellung *C 2*: Durch Druckknopf ausgelöster Eilgang, der bei Erreichen des Werkstückes durch einen Anschlag auf Arbeitsvorschub umgeschaltet wird (Vorlauf nach links). Nach Beendigung der Fräsarbeit Rücklauf nach rechts im Eilgang, ausgelöst durch Druckknopf oder Anschlag.

Stellung *C 3*: Gleiche Bewegungsfolge wie bei *C 2*, jedoch Vorlauf nach rechts, Rücklauf nach links.

Stellung *C 4*: Ununterbrochener Arbeitsgang, sonst ähnlich *C 3*.

Stellung *C 5*: Ununterbrochenes Fräsen, in beiden Richtungen (gesteuert durch Druckknopf oder Anschlag) und zwar Eilgang mit anschließendem Arbeitsvorschub (Pendelfräsen).

Schalter D und E für die Frässpindel. D 1: Spindel gebremst; *D 2*: Bremse gelöst; *D 3*: Rechts- oder Linkslauf der Spindel; *E 2*: Rechtslauf der Frässpindel; *E 3*: Linkslauf der Frässpindel; *E 1*: Gleichlauf beim Pendelfräsen; *E 4*: Gegenlauf beim Pendelfräsen.

Kommandoschalter F für Kühlmittelpumpe. „Ein" und „Aus" bei Druckknopfbetätigung oder durch Tischanschlag.

Einige der wichtigsten Fräsarten und Arbeitsgänge, die auf neuzeitlichen Produktionsfräsmaschinen mit Programmschaltung eingestellt und selbsttätig ausgeführt werden können, sind in Tab. 13 (S. 30) zusammengestellt.

C. Hilfsmittel für das Spannen der Werkzeuge und Werkstücke

16. Werkzeugaufnahmen. Die Leistungsfähigkeit der Fräsmaschine kann nur dann voll ausgenutzt werden, wenn das Fräswerkzeug fest und starr mit der Frässpindel verbunden ist. Je nach Fräserausführung (vgl. Übersicht in Tab. 16, S. 34) wird man die Spannart wählen [*23*].

a) Schaftfräser. Zum Spannen von Schaftfräsern mit *Morsekegel* stehen Einsatzhülsen und Zwischenhülsen, Abb. 36—38, zur Verfügung. Bewährt haben

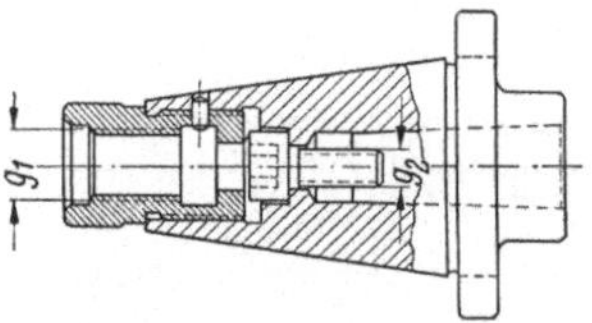

Abb. 36. Einsatzhülse für Schaftfräser

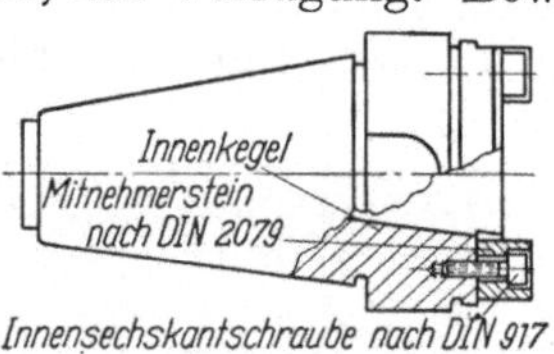

Abb. 37. Zwischenhülse mit Außen- und Innen-Steilkegel

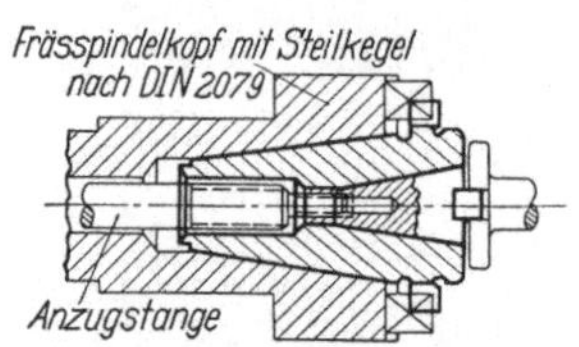

Abb. 38. Anwendungsbeispiel zu Abb. 37

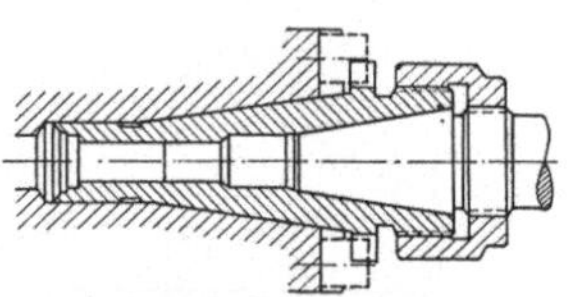

Abb. 39. Spannfutter für Kegelschaft mit Sicherungsgewinde

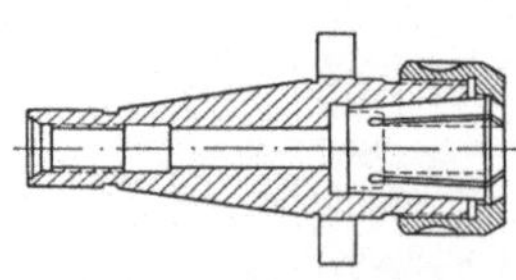

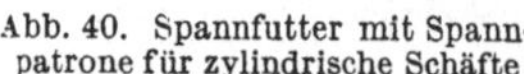

Abb. 40. Spannfutter mit Spannpatrone für zylindrische Schäfte

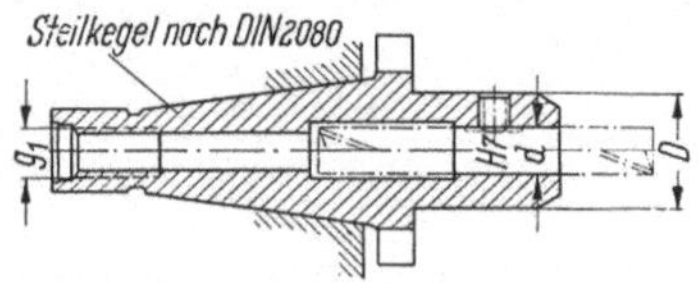

Abb. 41. Spannfutter mit Spannschraube

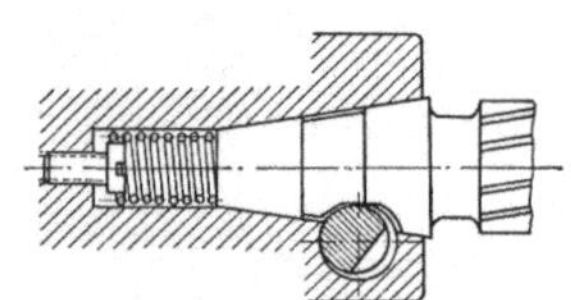

Abb. 42. Spannfutter mit Spannexzenter

sich auch Futter mit Sicherungsgewinde, Abb. 39, für die allerdings der Fräserschaft mit dem entsprechenden Differentialgewinde versehen sein muß. Beide Gewinde haben verschiedene Steigung, um das Spannen und Lösen des Fräsers zu erleichtern.

Fräser mit *zylindrischem Schaft* werden in der Regel in einem Fräserfutter mit Spannzangen (Spannpatronen), Abb. 40, aufgenommen. Eine einfache und schnelle Spannmöglichkeit ist durch Futter mit Klemmschraube oder Spannexzenter, Abb. 41 u. 42, gegeben. Der Fräserschaft erhält in diesem Falle zusätzlich eine passende Spannfläche. Bei diesen Bauarten kann allerdings der Rundlauf der Fräserschneiden durch die einseitige Spannkraft etwas beeinträchtigt werden.

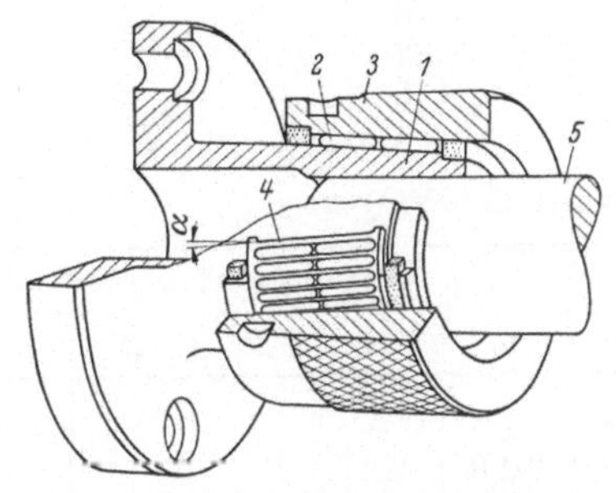

Abb. 43. Wirkungsweise eines elastischen Spannfutters mit Rollkupplung (*Stieber*). Futterkörper *1* wird elastisch gestaucht und klemmt Werkzeugschaft *5* fest, wenn Spannring *3* verdreht wird und Rollen *2* in Käfig *4* schräg zur Futterachse laufen

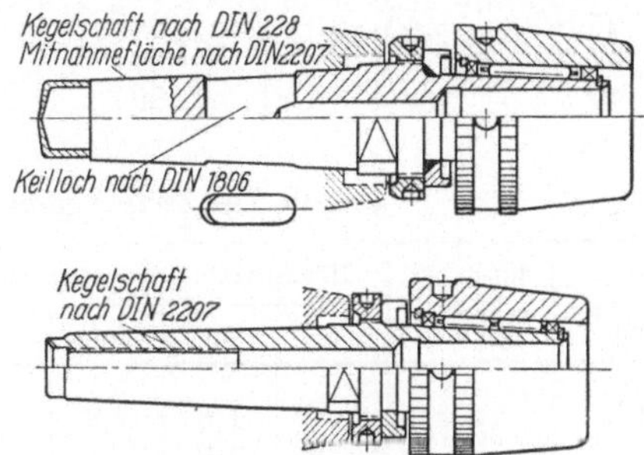

Abb. 44. Ausführungsbeispiele elastischer Spannfutter mit *Stieber*-Rollkupplung

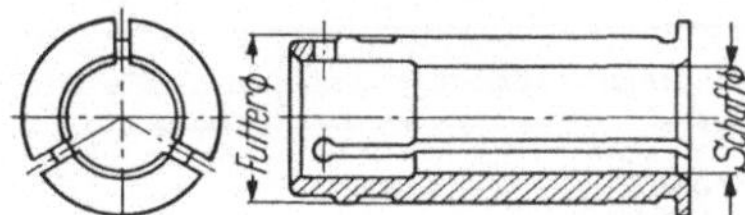

Abb. 45. Zwischenbüchse zur Erweiterung des Spannbereiches von Abb. 44

Abb. 46. Einsatzbüchse zum Spannen von Fräsern mit Morsekegelschaft zu Abb. 44

Für besonders genaue Fräsarbeiten verwendet man elastische Spannfutter (Bauart *Stieber*) mit eingebauter Rollkupplung, mit der man einen lösbaren Preßsitz erreicht. Sie zeichnen sich durch hohe Rundlaufgenauigkeit (ungefähr 2 μ), lange Lebensdauer und einfache Bedienung aus. Ihre Wirkungsweise ist in Abb. 43 dargestellt. Der rohrförmige, außen verjüngte Futterkörper *1* wird über mehrere Reihen gleichmäßig am Umfang verteilter Rollen *2* von einem Spannring *3* umschlossen, dessen Bohrung die gleiche Kegelneigung (Verjüngung 1:30) wie der Futterkörper hat. Die Rollen werden in einem Käfig *4* unter einem Winkel α von etwa 1,5° schräg zur Futterachse geführt. Verdreht man den Spannring im Uhrzeigersinn von Hand oder mit einem Zapfenschlüssel, so wird der Futterkörper elastisch gestaucht, die Spannbohrung verengt sich und der Werkzeugschaft *5* wird festgeklemmt. Die Verengung der Futterbohrung beträgt bis zu 3/1000 des Schaftdurchmessers, der mit der üblichen ISO-Passung h 8 auszuführen ist.

Fräsfutter dieser Bauart sind in Abb. 44 zu sehen. Sie dienen zum Spannen von Schaftfräsern, Gesenk-, Nuten- oder Langlochfräsern, Frässticheln und ähnlichen Schneidwerkzeugen. Bei der Auswahl der Futter sind die übertragbaren Drehmomente oder Schnittleistungen ausschlaggebend [*24A*]. Diese Werte sind für einige gebräuchliche Futtergrößen in Tab. 14 zusammengestellt.

Zur Vergrößerung des Spannbereiches verwendet man Zwischenbüchsen, Abb. 45, deren wichtigste Kennzahlen in Tab. 15 zu finden sind.

Zum Spannen von Fräsern mit Morsekegelschaft stehen Einsatzbüchsen nach Abb. 46 zur Verfügung.

Tabelle 14. *Fräsfutter mit Rollkupplung (Auswahlreihe)*

Futterbohrung mm	Kegelschaft Morse	Außen-∅ mm	Verschiebeweg mm	übertragbare Höchstwerte	
				Drehmoment kgm	Schnittleistung kW bei 100 U/min
16	2 u. 3	41	6	13,4	0,69
20	3 u. 4	47	6,5	27,5	1,4
25	3,4 u. 5	56	8	45	2,3
32	4 u. 5	67	9,5	82	4,2
40	5	80	11	158	8,1

Tabelle 15. *Zwischenbüchsen für elastische Fräsfutter*

Futter-bohrung mm	Büchsen-länge mm	Höchstwerte des übertragbaren Drehmomentes kgm für Fräserschaftdurchmesser mm									
		3	4	5	6	8	10	16	20	25	32
16	40		1,8	2,8	3,0	3,6	4,5				
20	47		4,0		6,2	8,6	10,8	13			
25	54	2,5	3,6	5,6	8,2	10,5	13,2	17	18		
32	64				8,2	10,5	20	30	40	50	
40	80					12	12	37	41	57	57

Tabelle 16. *Übersicht über Fräserbefestigungen*

Befestigungsart (Spannzeug)	geeignet für Fräserausführung nach DIN	
Fräserfutter mit Spannzangen (Abb. 40)	Schaftfräser Langlochfräser Schlitzfräser für Scheibenfedernuten Winkelfräser	844 327 850 1833
Einsatzhülsen (Abb. 36—38)	Schaftfräser mit Kegellappen Schaftfräser mit Anzugsgewinde Langlochfräser mit Kegellappen mit Anzugsgewinde	845 A 845 B 326 A/B 326 C/D
Fräserdorne mit Morsekegel DIN 2081/2086 (Abb. 47) mit Steilkegel DIN 6554/6555 (Abb. 48)	Walzenfräser Scheibenfräser Nutenfräser Winkelfräser Winkelstirnfräser Prismenfräser Lückenfräser Halbkreisfräser Viertelkreisfräser	884/1892 885/1831 1890/1891 1823 842 847 1824 855/856 6513
Aufsteckfräserdorne mit Längskeil (Abb. 50) DIN 2087 (mit Morsekegel) DIN 6360 (mit Steilkegel)	Walzenstirnfräser	(841)
mit Querkeil (Abb. 51) DIN 886 (mit Morsekegel) DIN 6361 (mit Steilkegel)	Walzenstirnfräser	1880
Spindelköpfe mit Außenkegel 1:3,33 DIN 2201 (Abb. 63)	Messerköpfe mit Anschlußmaßen nach 2202	
mit zylindrischem Außendurchmesser (Abb. 64) (dazu Einmittezapfen, Abb. 62, und Zwischenhülsen, Abb. 65)	Messerköpfe mit zylindrischer Aufnahme	

b) Fräser mit Bohrung werden auf Fräserdornen aufgenommen, die mit Morsekegel (DIN 2081/2085, Abb. 47) und mit Steilkegel (DIN 6354/6355, Abb. 48) genormt sind. Zum Festziehen in die Maschinenspindel und zum Wiederausdrücken ist ihr Kegelschaft mit einem Innengewinde versehen, in das eine Anzugstange ein-

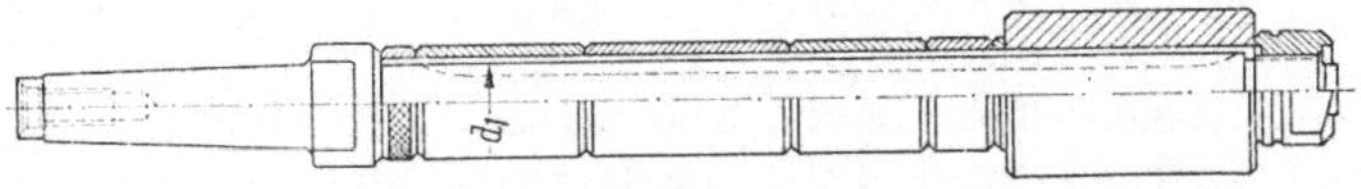

Abb. 47. Fräserdorn mit Morsekegel

geschraubt wird. Lange Dorne sollen nicht nur im vorderen Gegenhalter-Lager mit einer Laufbuchse geführt werden, vielmehr ist es ratsam, eine weitere Führungsbuchse vorzusehen, mit welcher der Dorn in einem zweiten Lager möglichst nahe am Fräser oder zwischen zwei Fräsersätzen abgestützt werden kann. Mit der gehärteten Fräserdornmutter, die Schlüsselflächen hat, wird der mit den Zwischenringen und Laufbuchsen auf den Dorn geschobene Fräser festgespannt. Genauer Rundlauf ist nur zu erreichen, wenn Mutter, Ringe und Buchsen genau planparallele Anlageflächen haben.

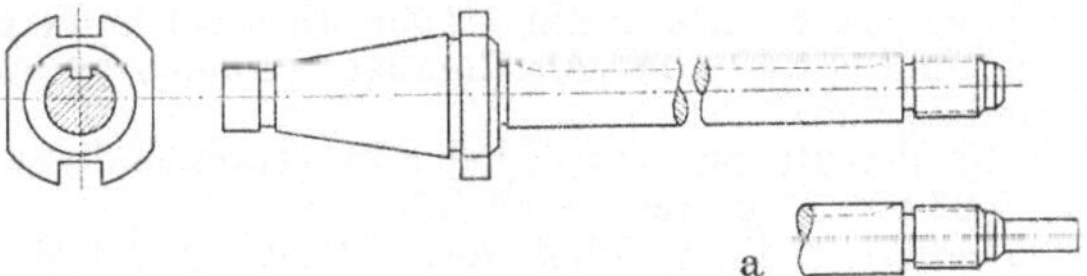

Abb. 48. Fräserdorn mit Steilkegel. a) mit vorderem Führungszapfen

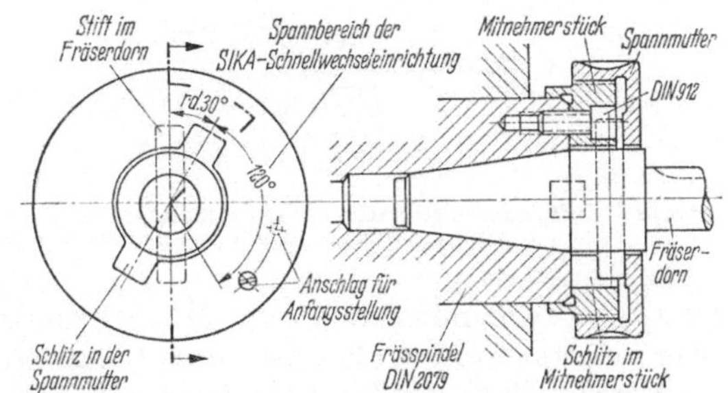

Abb. 49. SIKA-Schnellwechseleinrichtung für Fräserdorne (*Kelch*). Auf Frässpindel wird Mitnehmerstück aufgeschraubt. Dorn mit Stiftmitnahme wird eingeführt und mit Spannmutter festgezogen

An Senkrecht-Fräsmaschinen ist es oft lästig und zeitraubend, wenn man zum Anziehen oder Lösen der Anzugstange an der Maschine hochklettern muß. Das wird vermieden, wenn Schnellwechseleinrichtungen und Dorne mit Stiftmitnahme (Abb. 49) verwendet werden, die sich gut bewährt haben [*24*]. Ebenso vorteilhaft sind Ringsätze nach DIN 2085 (Tabelle 17). Mit ihnen kann man bestimmte Einstellmaße oder Zwischenbreiten, z. B. bei Satzfräsern, genau einhalten. Die Breite nachgeschliffener verstellbarer Scheibenfräser läßt sich in ähnlicher Weise durch dünne Beilegeringe wiederherstellen. Diese sind in den Dicken von 0,05 bis 1 mm aus federhartem Stahl und darunter bis 0,015 mm aus farbigem Zellglas hergestellt.

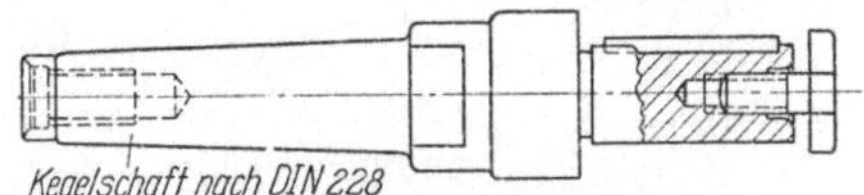

Abb. 50. Aufsteckdorn mit Längskeil und Morsekegel

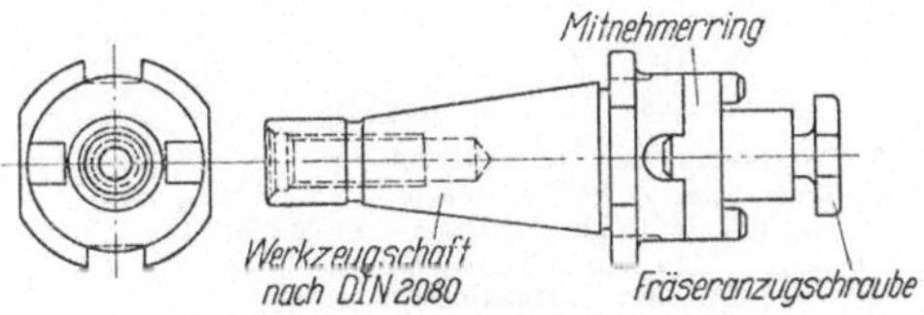

Abb. 51. Aufsteckdorn mit Querkeil und Steilkegel

Zum Spannen von Stirnfräsern verwendet man Aufsteckfräserdorne. Sie sind in der Regel mit Rechtsgewinde (für rechtsschneidende Fräser) versehen. Man unterscheidet Aufsteckdorne mit Längskeil (DIN 2087, Abb. 50, oder DIN 6360) und Aufsteckdorne mit Querkeil (DIN 886, oder DIN 6361, Abb. 51), jeweils mit

Tabelle 17. *Zusammensetzung eines Ringsatzes für Fräserdorne (Kelch)*

Bezeichnung	A	B	C	D	E	F	G	H	I	J
Breite mm	1.0	1.5	2.0	2.5	3.0	3.5	4.0	4.5	5.0	5.5
Bezeichnung	K	L	M	N	O	P	Q	R	S	T
Breite mm	6.0	6.5	7.0	7.5	8.0	8.5	9.0	9.5	10.0	10.5
Bezeichnung	1	2	3	4	5	6	7	8	9	10
Breite mm	3.0	3.02	3.04	3.06	3.08	3.1	3.12	3.14	3.16	3.18
Bezeichnung	11	12	13	14	15	16	17	18	19	20
Breite mm	3.2	3.22	3.24	3.26	3.28	3.3	3.32	3.34	3.36	3.38
Bezeichnung	21	22	23	24	25	Verlängerungsstücke				
Breite mm	3.4	3.42	3.44	3.46	3.48	10.0	20.0	30.0	40.0	50.0

Die mit Buchstaben bezeichneten Ringe umfassen die Breiten von 1 bis 10,5 mm, steigend um 0,5 mm. Die zweite mit Ziffern bezeichnete Reihe liegt zwischen 3 und 3,48 mm und springt um je 0,02 mm. Als Ergänzung dienen Verlängerungsstücke (Zehnerwerte) zwischen 10 und 50 mm.

Mit dem Ringsatz kann jeder Fräserabstand zwischen 4 und 103,98 mm mit Abstufung von 0,02 mm eingestellt werden.

Beispiel: Abstand 75,92 mm = Ringe D (2,5) und 22 (3,42) sowie Verlängerungsringe 20 und 50 mm.

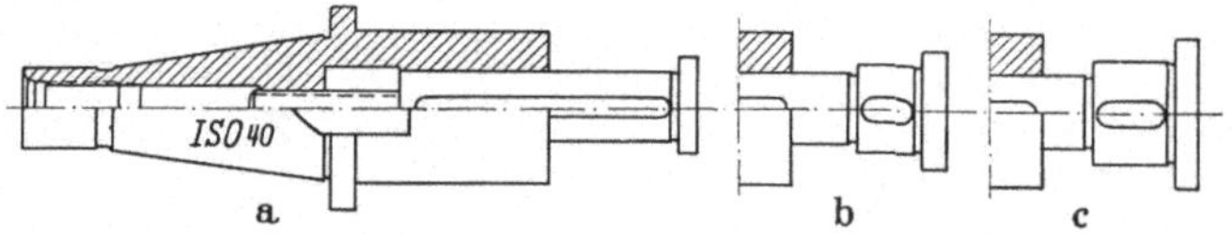

Abb. 52a—c. Zusammengesetzter Aufsteck-Fräserdorn (*Stieber*). Auswechselbare Einsätze, die mit Spannschraube befestigt werden, passen zu Fräsern mit verschiedener Breite und Bohrung

Morsekegel oder mit Steilkegel. Mit Stirnmitnahme befestigte Fräser können viel höher belastet werden als Fräser mit Längsnuten. Letztere Ausführung hat jedoch den Vorteil, daß die Zapfenlänge des Fräserdorns, wenn sie zu groß ist, an die Fräserlänge mit Ringen nach DIN 2084 angepaßt werden kann. Eine andere Lösung bringen die zusammengesetzten Fräserdorne, Abb. 52, die vielseitig verwendbar sind.

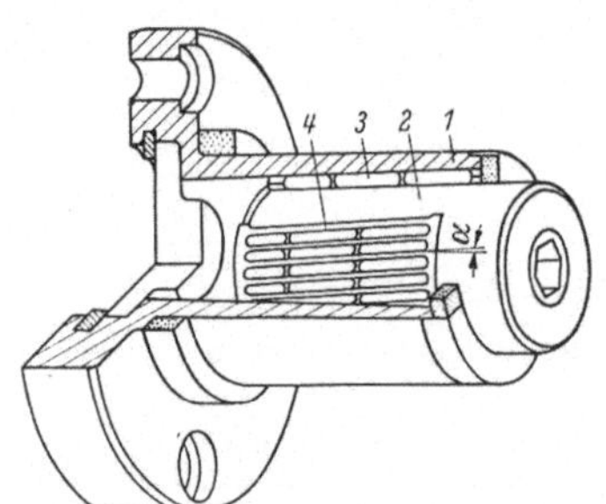

Abb. 53. Wirkungsweise eines Dehndornes mit *Stieber*-Rollkupplung. Spannkegel *2* weitet über schräg zur Achse in Käfig *4* laufende Rollen *3* den hohlen Dornkörper *1* auf, so daß ein aufgeschobenes Werkzeug in der Bohrung festgeklemmt wird

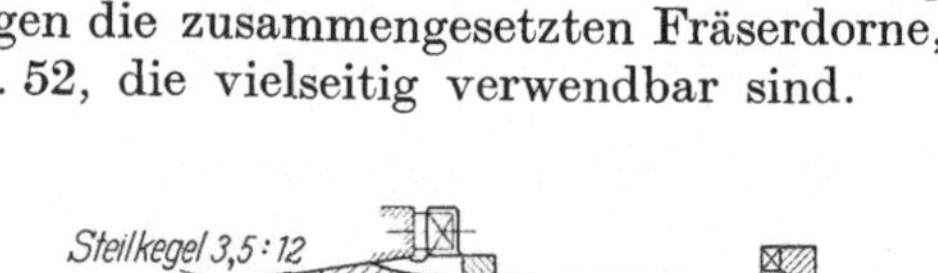

Abb. 54. Ausführungsform eines Dehndornes (*Stieber*)

Die Vorteile elastischer Spannzeuge (vgl. Abschn. a, S. 33) haben auch die als Fräserdorne eingesetzten sogenannten *Dehndorne*, die den Fräser genau einmitten. Die Wirkungsweise eines solchen Dehndornes ist in Abb. 53 zu erkennen. Der Dornkörper *1* ist hohl und hat innen eine Verjüngung von 1:50. Der dazu passende Spannkegel *2* trägt mehrere Reihen gleichmäßig verteilter Rollen *3*, die in einem Käfig *4* geschränkt (unter etwa 1,5° linkssteigend) liegen. Verdreht man den Spannkegel mit einem Stiftschlüssel im Uhrzeigersinn, so wälzen sich die Rollen senkrecht zu ihrer Achse ab und ziehen den Spannkegel in den Dornkörper hinein. Der Dorn dehnt sich am Umfang und klemmt das aufgeschobene Werkzeug fest. Die Aufweitung beträgt hierbei bis zu 2/1000 des Spanndurchmessers. Abb. 54 zeigt eine Ausführungsform des Fräsdornes mit Rollkupplung (Bauart Stieber), wie sie zum Spannen von Walzenstirnfräsern, Nutenfräsern, Schlitzfräsern und ähnlichen Fräsersorten verwendet werden. Die zu spannenden Fräser haben folgende

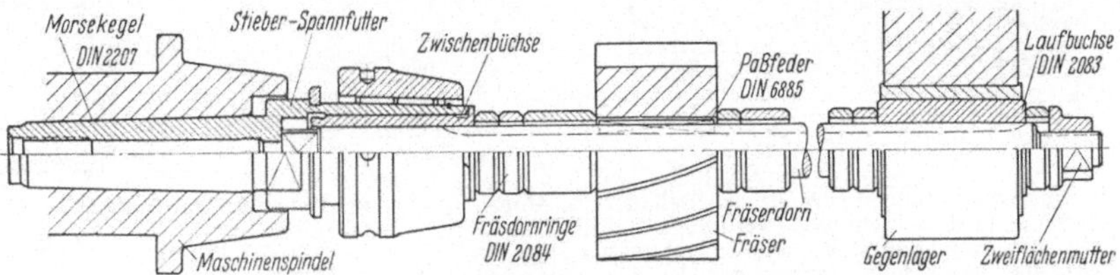

Abb. 55. Schnellwechsel-Fräserdorn (*Stieber*). Einsatz-Fräserdorn wird in Spannfutter mit Rollkupplung festgeklemmt

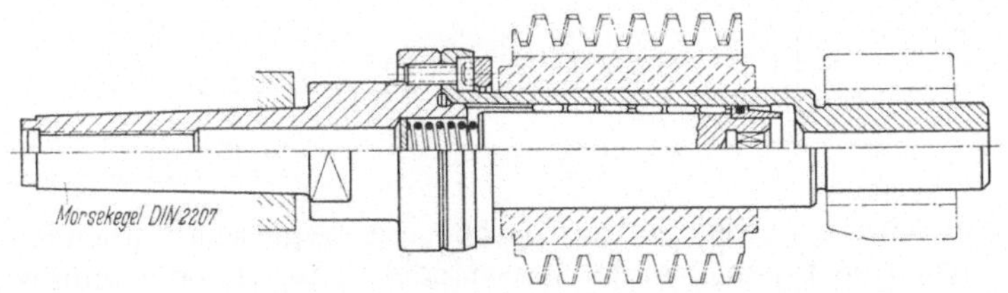

Abb. 56. Elastischer Spanndorn (*Stieber*) für Wälzfräser

Voraussetzungen zu erfüllen: Glatte Bohrung ohne Nute oder Aussparung, ausreichende Breite (mindestens das 1,5fache der Bohrung), für mittlere und schwere Schnitte ferner seitliche Mitnahme durch Mitnehmerring, und zwar wenn auf die Dauer ein Drehmoment zu übertragen ist. Die mit ihm übertragbaren Drehmomente sind in Tab. 18 zusammengestellt. Zwei weitere Ausführungsformen zeigen die Abb. 55 u. 56.

Tabelle 18. *Fräserdorne (Dehndorne) mit Rollkupplung (Spannlänge L = 1,5 D)*

Spann-durchmesser mm	Spannlänge mm	Kegelschaft		Zapfenlänge (ungespannt) mm	Höchstwert des übertragenen Drehmomentes kgm
		Morse	ISO		
16	24	2	30 u. 40	6	9
22	33	3	30 u. 40	7	24
27	41	4	30, 40 u. 50	8	43
32	48	4	40 u. 50	9	70
40	60	4	40 u. 50	10	130
50	75	—	40 u. 50	11	150

Andere Dehndorne werden hydraulisch gespannt. Ihre Bauart ist in Abb. 57 dargestellt. Der Grundkörper *a* trägt einen passungsgenau geschliffenen dehnbaren Mantel *b*. Der zwischen beiden befindliche Hohlraum *c* nimmt das Druckmittel auf, das durch Kanäle *d* aus dem Druckraum *e* zuströmt. Bei Rechtsdrehung der Druckschraube *f* schiebt sich der Kolben *g* in den Druckraum hinein. Die verdrängte Flüssigkeit drückt dann den Mantel *b* nach außen gegen die Wand der normal mit H 7 ausgeführten Fräserbohrung. Sie soll um höchstens 0,15% größer sein als der Nenndurchmesser *D* des Dehndornes und keine Nute oder Aussparung haben. In Abb. 58—60 sind zwei Ausführungen solcher Fräserdorne und ein gleichartiges Schrumpffutter (für Fräser mit Zylinderschaft) wiedergegeben. Ihre Vorzüge: höchste Rundlaufgenauigkeit, schnelles und müheloses Spannen, gleichmäßiger Flächendruck, einwandfreie Übertragung großer Schnittkräfte.

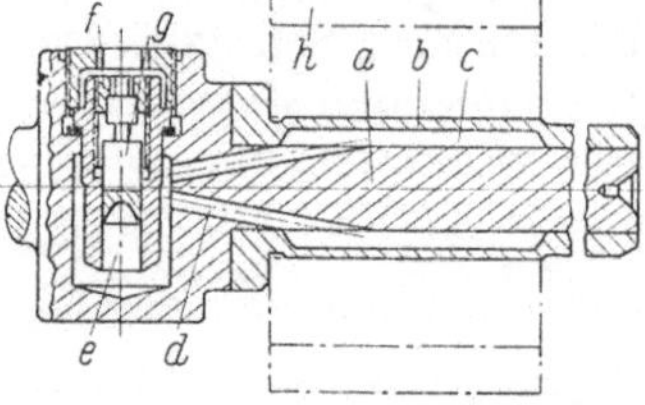

Abb. 57. Wirkungsweise eines hydraulischen Dehndornes (*Mahr*). Bei Rechtsdrehung der Druckschraube *f* verdrängt Kolben *g* Druckflüssigkeit aus Druckraum *e* durch Kanäle *d* in Hohlraum *c* zwischen Grundkörper *a* und Mantel *b* des Dornes, der sich dann aufweitet

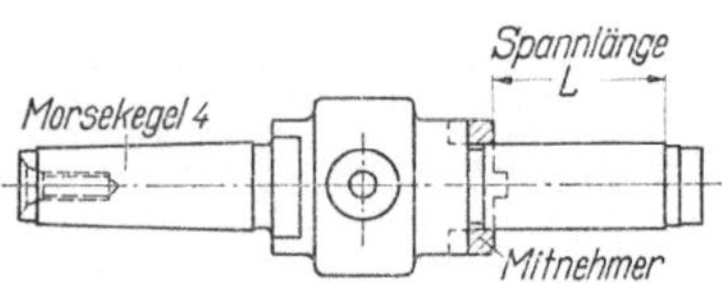

Abb. 58. Dehndorn mit radialer Hydraulik

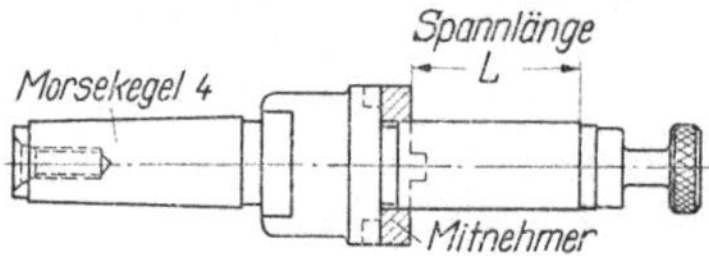

Abb. 59. Dehndorn mit axialer Hydraulik

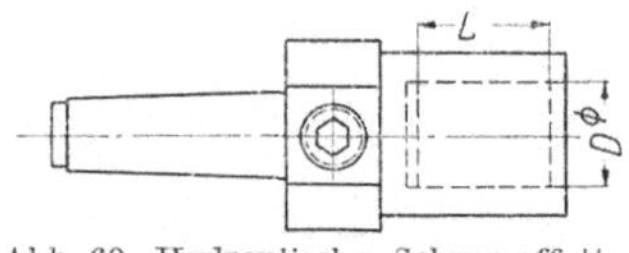

Abb. 60. Hydraulisches Schrumpffutter für zylindrische Schaftfräser

c) Messerköpfe werden je nach Größe mit Kegelschaft (Schaftmesserköpfe) oder mit Dornen im Innenkegel der Frässpindel (Abb. 61) oder unmittelbar außen auf dem Spindelkopf (Abb. 62) aufgenommen. Bei älteren Fräsmaschinen findet man die Anschlußmasse nach DIN 2201, Abb. 63, mit Morse- oder metrischem Innenkegel und mit

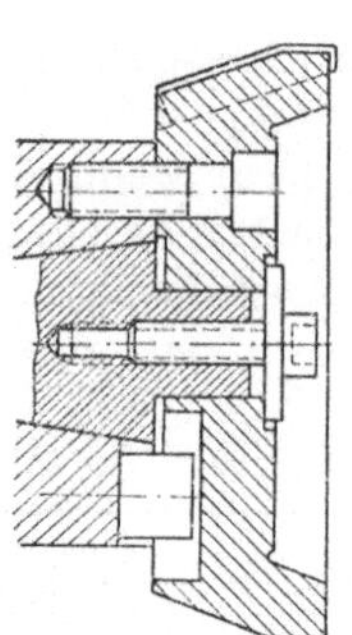

Abb. 61. Messerkopf-Aufnahme Dorn im Innenkegel der Spindel

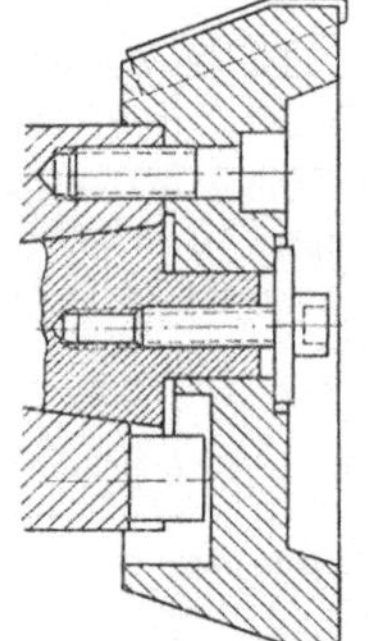

Abb. 62. Messerkopf-Aufnahme auf dem Außenkegel der Spindel, Zentrierdorn erleichtert Aufbringen des Werkzeuges

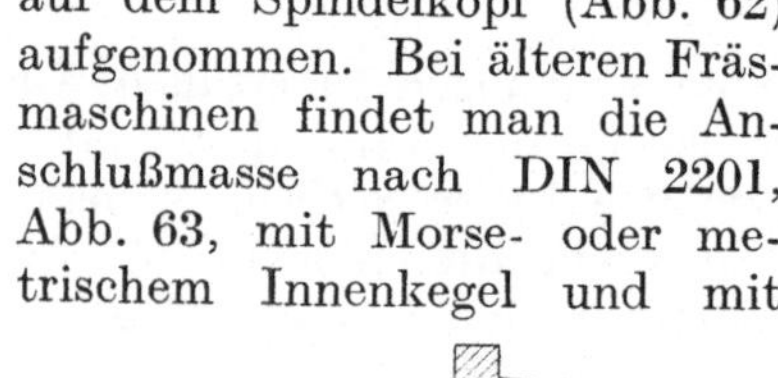

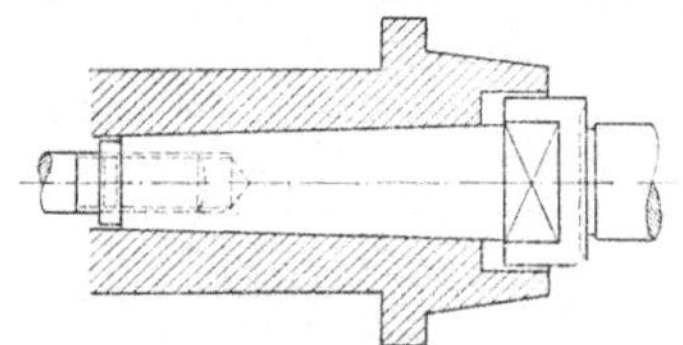

Abb. 63. Anschlußmaße der Frässpindeln nach DIN 2201

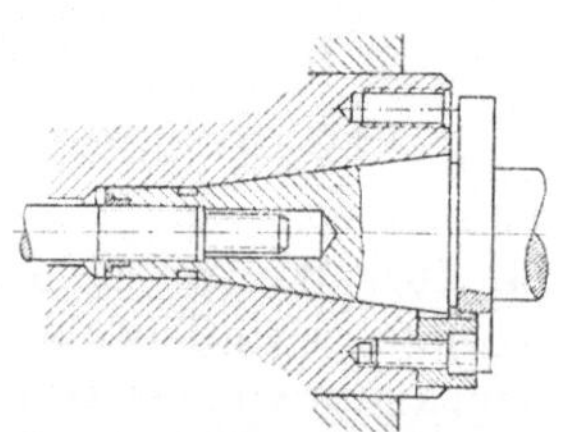

Abb. 64. Anschlußmaße nach DIN 2079 (Außenzylinder, Steil-Innenkegel)

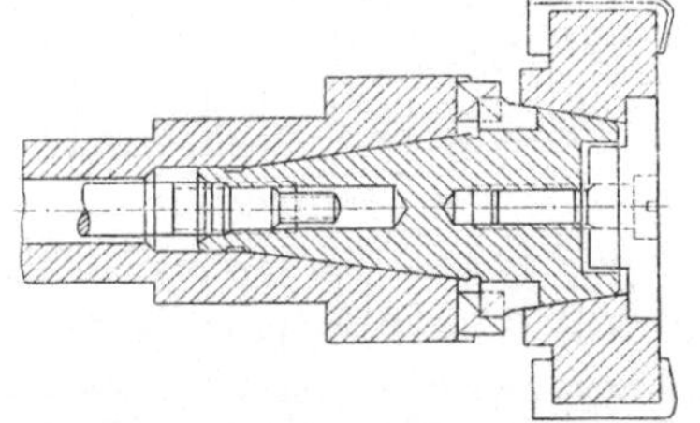

Abb. 65. Zwischenhülsen für alte und neue Bauarten

Außenkegel 1:3,33. Hierzu passen Messerköpfe mit Anschlußmassen nach DIN 2202. Neue Maschinen sind überwiegend mit Steilkegel und Außenzylinder nach DIN 2079, Abb. 64, ausgerüstet, um Messerköpfe mit zylindrischer Aufnahme aufsetzen zu können. Diese haben eine ebene Anlagefläche, wodurch genauer Stirnlauf gewährleistet wird. Das nicht ganz einfache Aufbringen des Werkzeuges auf die zylindrische Frässpindel wird erleichtert, wenn man einen Zentrierdorn, Abb. 62, zu Hilfe nimmt. Für die Übergangszeit ist durch Zwischenhülsen, Abb. 65, dafür gesorgt, daß man Messerköpfe neuer Bauart auf den Spindelkopf einer älteren Fräsmaschine (nach DIN 2201) und umgekehrt aufsetzen kann.

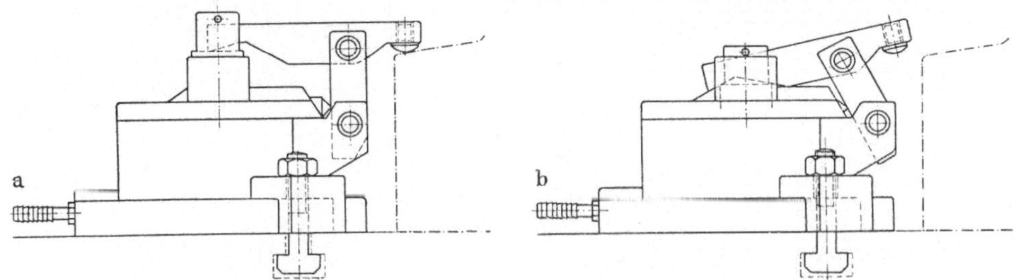

Abb. 66a u. b. Preßluft-Spanneisen. a) Spannstellung; b) Spannpratze gelöst und zurückgezogen

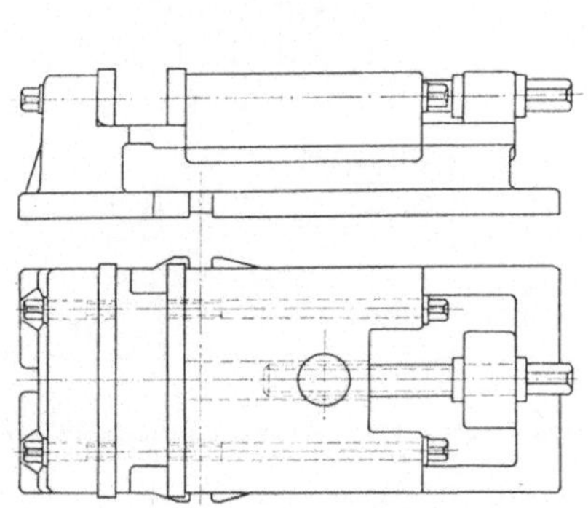

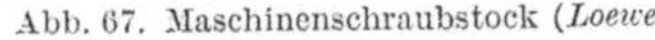

Abb. 67. Maschinenschraubstock (*Loewe*)

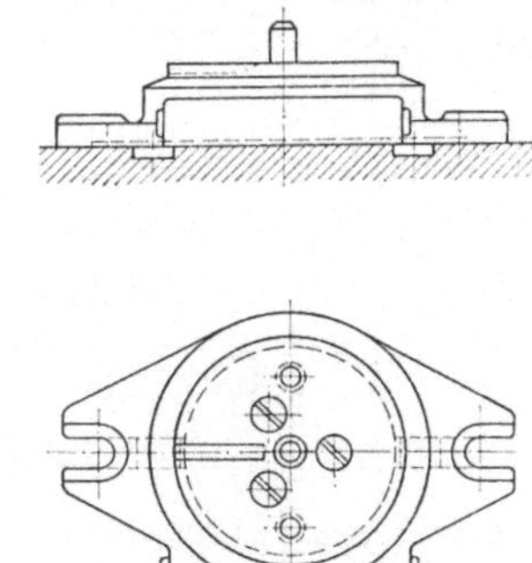

Abb. 68. Drehplatte zum Maschinenschraubstock Abb. 67

17. Spannzeuge für Werkstücke. Die sichere Werkstückspannung ist beim Fräsen nicht weniger wichtig als die starre Werkzeugbefestigung. Verschiebt sich das Werkstück, so ist auf jeden Fall die Fräsfläche verdorben. Oft werden aber auch Fräser und Fräserdorn beschädigt oder es leidet sogar die Fräsmaschine.

a) Die einfachste Spannart ist die Befestigung des Werkstückes unmittelbar auf dem Tisch der Fräsmaschine. Hierzu verwendet man *Spanneisen* nach DIN 6314/17 und *Treppenböcke* nach DIN 6318, ferner hydraulisch oder mit Preßluft betätigte Spanner [*25*], Abb. 66.

b) Kleine Werkstücke werden in Maschinenschraubstöcken nach DIN 6370 aufgenommen (Abb. 67). Diese haben gehärtete, geschliffene Spannbacken und werden mit zwei Spannschrauben auf der Aufspannfläche des Maschinentisches befestigt (längs oder quer). Sie können aber auch auf eine mit einer Skale versehene Drehplatte aufgesetzt werden (Abb. 68), so daß das Werkstück waagerecht unter einem bestimmten Winkel zur Fräserachse eingestellt werden kann. In der Reihenfertigung benutzt man vorteilhaft Schnellspann-Schraubstöcke (Abb. 69). Mit einem Exzenter-Hebel kann hier das Werkstück einfach, sicher und zentrisch gespannt werden. Für die genaue Fräsereinstellung (mit Endmaß) ist eine Anschlagfläche vorgesehen. Anwendungsbeispiele für die prismatischen Backen, die für runde Werkstücke anstelle der geraden Backen eingesetzt werden können, zeigen die Abb. 70 und 71. Zum Fräsen von Keilnuten in zylindrische Werkstücke verschiedener Größe eignet sich besonders gut ein Schraubstock nach Abb. 72 mit umkehrbaren Spannbacken (Spannbereich 20—60 mm ⌀). Sein Unterteil ist als rechter Winkel ausgebildet. Er kann daher wahlweise in senkrechter oder in waagerechter Stellung aufgespannt werden.

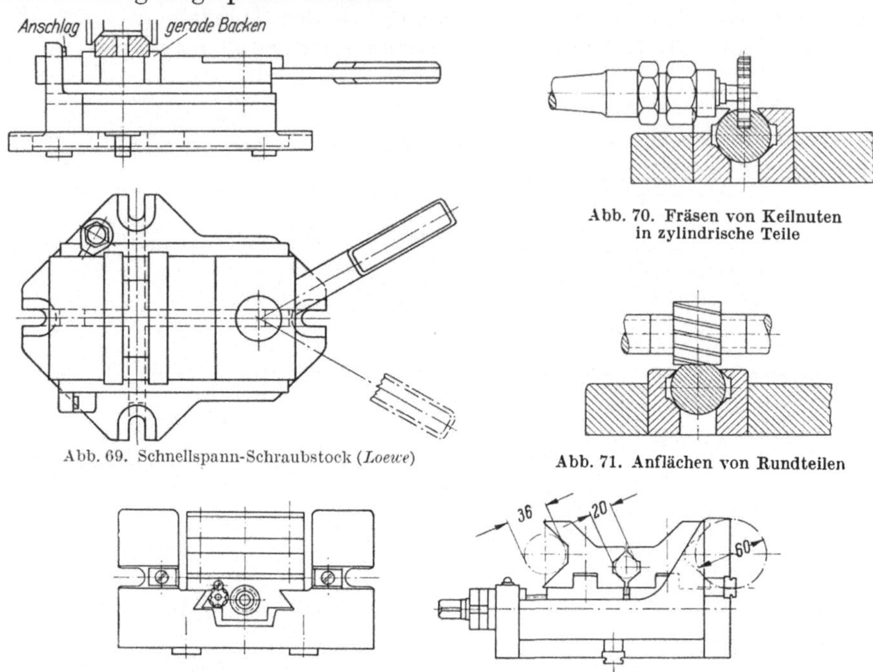

Abb. 69. Schnellspann-Schraubstock (*Loewe*)

Abb. 70. Fräsen von Keilnuten in zylindrische Teile

Abb. 71. Anflächen von Rundteilen

Abb. 72. Schraubstock mit Umkehrbacken (*Loewe*) kann waagerecht oder senkrecht aufgespannt werden

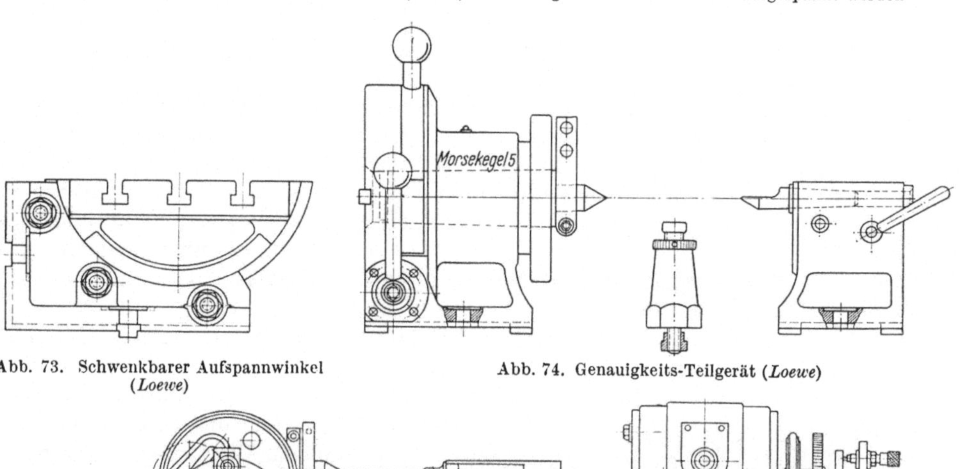

Abb. 73. Schwenkbarer Aufspannwinkel (*Loewe*)

Abb. 74. Genauigkeits-Teilgerät (*Loewe*)

Abb. 75. Universal-Teilkopf (*Loewe*)

c) Zum Fräsen schräger Flächen dient der verstellbare Aufspannwinkel, Abb. 73, der nach Skala geschwenkt werden kann.

d) Für Teilarbeiten an Werkstücken stehen *Genauigkeits-Teilgeräte*, Abb. 74, zur Verfügung. Das zu fräsende Arbeitsstück wird zwischen Spitzen oder in ein aufschraubbares Dreibackenfutter (mit Gegenspitze) gespannt und mit einem Unterstützungsbock gegen Durchfedern gesichert. Auf Universal-Fräsmaschinen mit drehbarem Tisch verwendet man *Universal-Teilköpfe* nach Abb. 75. Mit diesen lassen sich alle Teil- und Nutenfräsarbeiten ausführen [*4*].

Neben den beschriebenen allgemein einsetzbaren Werkstück-Spannzeugen findet man in der Mengenfertigung eine große Zahl von Einzweck-Fräsvorrichtungen, die dem einzelnen Arbeitsgang (z. B. Tauch- oder Pendelfräsen) besonders angepaßt sind [*26*]. Eine Übersicht über die bisher genormten Spannzeuge für Fräsmaschinen enthält Tab. 19.

Tabelle 19. *Übersicht über genormte Spannzeuge für Fräsmaschinen (einschl. der DIN-Entwürfe)*

DIN	
508	T-Nutensteine
787	T-Nutenschrauben
1808	Einsatzhülsen
2079	Frässpindelköpfe mit Steilkegel
2081	Fräserdorne mit Morsekegel
2082	Zweiflächenmuttern für Fräserdorne
2083	Laufbuchsen für Fräserdorne
2084	Fräserdornringe Ringe für Fräserdorne
2085	Ringsätze für Fräserdorne
2086	Fräserdorne mit Morsekegel
2087	Aufsteckfräserdorne mit Morsekegel für Fräser mit Längsnut
2185	Kurze Einsatzhülsen mit Lappen
2186	desgl., mit Anzugsgewinde
2187	Verlängerte Einsatzhülsen mit Lappen
2188	desgl., mit Anzugsgewinde
2201	Frässpindelköpfe mit Morse-Innenkegel
2202	Messerköpfe, Anschlußmaße für DIN 2201
2203	Mitnehmerbolzen für Messerköpfe
2204	Aufnahmedorn für Messerköpfe
2205	Mitnehmer für Aufnahmedorne nach DIN 2204
2206	Mitnehmerschrauben für Mitnehmer nach DIN 2205
2207	Werkzeugschäfte, Anschlußmaße für DIN 2201
6314	Spanneisen, einfach
6315	desgl., U-förmig
6316	desgl., gekröpft
6317	desgl., doppelgekröpft
6318	Treppenböcke für Spanneisen
6321	Auflagebolzen
6322	Feste Nutensteine für Werkzeugmaschinen
6323	Lose Nutensteine
6341	Spannzangen für Zugspannung, Kegelhülsen bis 46 mm Spann-⌀
6354	Fräserdorne mit Steilkegel
6355	Fräserdorne mit Steilkegel
6360	Aufsteckfräserdorne mit Steilkegel für Fräser mit Längsnut
6361	desgl., für Fräser mit Quernut
6362	Aufsteckfräserdorne mit Morsekegel für Fräser mit Quernut
6363	Zwischenhülse für Steilkegel
6364	desgl., für Steilkegel/Morsekegel
6365	Aufnahmedorne für Messerköpfe
6366	Mitnehmerringe für Aufsteckfräserdorne
6367	Fräseranzugsschrauben für Aufsteckfräserdorne
6370	Maschinenschraubstöcke

D. Pflege und Instandhaltung der Fräsmaschinen

Durch Verschleiß der Führungsflächen, Lager, Zahnräder und anderer wichtiger Maschinenteile werden Güte und Wert jeder Fräsmaschine — je nach Pflege schnell oder allmählich — herabgesetzt. In gleichem Maße vermindern sich Maßgenauigkeit und Oberflächengüte der auf der Maschine gefrästen Werkstücke. Es liegt daher im Interesse sowohl des Bedienungsmannes als auch der Werksleitung, die Maschinen sorgfältig zu pflegen und planmäßig instandzuhalten, damit ihre Leistungsfähigkeit recht lange bestehen bleibt.

18. Regeln für die Maschinenpflege. Die sorgfältige Pflege der Fräsmaschine [*27—29*] ist Sache des Bedienungsmannes. Sie beginnt mit dem regelmäßigen Abschmieren nach dem Schmierplan und Reinigen nach der einzelnen Fräsarbeit, umfaßt zugleich das sachgemäße Ausführen der Bedienungsgriffe und Verhindern der Überlastung von Maschinenteilen. Sie wird an jedem Wochenende abgeschlossen durch eine gründliche Säuberung aller Flächen und Ecken von Öl, Wasser, Staub und Spänen.

a) Im Schmierplan (Beispiel Abb. 24 im Abschn. 10, S. 20), einem Bestandteil der Bedienungsanleitung, sind alle Schmierstellen der Fräsmaschine angegeben, die täglich, wöchentlich oder in größeren Zeitabständen zu schmieren sind, ferner die Schmierstoffmenge und -art (Öl oder Fett) mit näheren Kennzeichen. Weitere Richtlinien sind auch in DIN 8695 enthalten.

b) Besondere Aufmerksamkeit ist auf die Sauberhaltung der Führungs- und Gleitflächen zu richten. Durch Balgenzüge (Faltenbälge, z. B. in Abb. 11, S. 8), Abdeckbleche oder ähnliche Einrichtungen sind sie vor Spänen oder Verschmutzung zu schützen. Man vergesse aber nicht, diese Schutzeinrichtungen bei der wöchentlichen Reinigung abzunehmen, damit auf die Dauer nicht das Gegenteil erreicht wird. Werkstücke, Werkzeuge, Meßgeräte lege man niemals auf die Führungsflächen. Sie gehören auf besondere Ablagebretter, die in Griffnähe bei der Maschine anzubringen sind.

c) Mit gleicher Sorgfalt sind die Lager zu beobachten. Sie dürfen höchstens handwarm werden. Steigt die Temperatur trotz ausreichender Schmierung weiter an, so ist die Instandhaltungsabteilung zu benachrichtigen. Das soll auch geschehen, wenn ein Lager unruhig läuft, eine Spindel schlägt, ein Schlitten eckt oder ein Getriebe „heult".

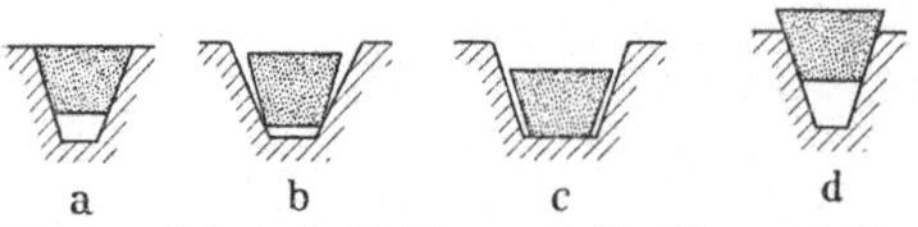

a b c d

Abb. 76a—d. Lage des Keilriemens in der Riemenscheibe. a) richtig, Keilbreite = Nutenbreite; b)—d) falsch: b) falscher Keilwinkel, c) Riemen zu schmal, d) Riemen zu breit

d) Besonderer Pflege bedürfen die elektrischen Teile der Fräsmaschine [*30*]. Der Motor ist vor dem Eindringen von Staub, Wasser und Öl zu schützen und wöchentlich von außen zu säubern. Alle nicht abgedeckten Leitungen sind vor Stößen und Knicken zu schützen. Kabelkanäle sind ordnungsgemäß abzudecken und trocken zu halten. Bei ernsthaften Störungen, vor allem wenn es funkt oder riecht, ist sofort der Hauptschalter auf „aus" (0) zu stellen. Alles übrige ist dann Sache des Betriebselektrikers, der herbeizurufen ist.

e) Wenn Keilriemen für den Antrieb benutzt werden, beachte man folgende Regeln:

Stets passende Riemen in der vorgesehenen Stückzahl verwenden. Riemenbreite gleich obere Rillenbreite (Abb. 76).

Riemen erst nach zwanglosem Auflegen vorspannen. Einlaufzeit von etwa 15 min abwarten, dann Riemen nochmals nachspannen.

Riemenspannung regelmäßig überwachen; sie ist richtig, wenn man den Riemen zwischen den Antriebscheiben rd. 2 cm nach innen drücken kann.

Riemenscheiben sollen immer gut fluchten und in den Rillen sauber sein; sonst laufen die Riemen schief und werden mit der Zeit zerstört.

Beim Auswechseln mehrrilliger Keilriementriebe vollständigen Riemensatz erneuern, damit alle Riemen gleiche Länge und Dehnung haben. Sonst keine gleichmäßige Kraftübertragung.

Durch längere Einwirkung von Öl, Fett oder ähnlichen Stoffen werden Gummiriemen zerstört. Ölspritzer daher möglichst bald entfernen und Riemen sauber halten, gegebenenfalls mit Talkum einreiben.

f) Auch die Hydraulik der Maschine hat — soweit sie vorhanden ist — ihre Eigenheiten. Auf richtigen gleichmäßigen Ölstand ist zu achten. Nach kurzer Betriebszeit ist der Entlüftungshahn zu öffnen, damit die bei den ersten Umläufen aufgenommene Luft wieder entweichen kann. Zuführungsschläuche sind vor Knicken zu schützen.

19. Pflege der Maschinenwerkzeuge und Werkstückspanner, auf die ganz besonders hingewiesen sei.

a) Die Werkzeuge sollen sorgfältig und fest eingespannt und beim Lösen vor Beschädigung der Aufnahmeelemente geschützt werden. Bei der Aufbewahrung dürfen sie sich nicht gegenseitig berühren, damit weder Schneiden noch Paßflächen angegriffen werden. Für rechtzeitiges, sachgemäßes Schärfen [*30*] ist zu sorgen.

b) Für die Pflege der Maschinenschraubstöcke und anderen Spannvorrichtungen gelten die gleichen Grundsätze wie für die Maschine selbst. Man benutze nur passende Schlüssel, um die Verletzung der Vierkante und Schraubenköpfe zu vermeiden. Auf keinen Fall darf an ihnen mit einem Hammer oder Schlüssel herumgeklopft werden. Die Spannvorrichtung selbst ist mit einer ausreichenden Zahl von Spannschrauben oder -pratzen so fest zu spannen, daß sie mit dem Fräsmaschinentisch ein Ganzes bildet. Ebenso dürfen beim Spannen dünner Werkstücke zwischen Spitzen die Stützböcke nicht vergessen werden, da das Werkstück sonst durchfedern und vor dem Fräserzahn ausweichen kann.

20. Planmäßige Maschineninstandsetzung und -überholung. Auch bei regelmäßiger Pflege nutzen sich die vorzugsweise beanspruchten Teile der Fräsmaschine im Laufe der Zeit ab. Um die wirtschaftliche Ausnutzung der Betriebseinrichtung sicherzustellen, wird die Werksleitung für eine planmäßige Instandhaltung und Grundüberholung der Fräsmaschinen sorgen [*31, 32*]. Sobald eine Maschine durch *Teilüberholungen* der Pflegekolonne nicht mehr auf dem gewünschten hohen Leistungsstand gehalten werden kann, ist eine gut vorzubereitende *Grundüberholung* fällig [*33*]. Hierbei können dann auch Änderungswünsche berücksichtigt werden, die sich aus einer vielseitigeren oder zweckgebundenen Verwendung der Maschine in ihrer Abteilung ergeben. So lassen sich z. B. durch Ändern der Drehzahlen, Anbringen besonderer Spannvorrichtungen für Werkstück und Werkzeug, Anbau von Meßeinrichtungen und ähnliche Maßnahmen Rüst-, Neben- oder Stückzeiten herabsetzen und die Mehrmaschinenbedienung erleichtern. Die bei der Grundüberholung anfallenden Arbeitsgänge werden nach dem Zerlegen der Maschine und gründlicher Reinigung der Einzelteile bestimmt. Auf Grund der Überprüfung der wichtigsten Funktionen, z. B. Ebenheit und Fluchten der Gleitbahnen, Zustand der Zugspindeln, der Frässpindel sowie der Getriebe, Antriebswellen und Lager, wird der Arbeitsplan aufgestellt. Hiernach lassen sich die voraussichtlichen Überholungskosten berechnen. Als Richtpreise werden Erfahrungswerte (Tab. 20) zugrunde gelegt.

Fräsmaschinen können sachgemäß nur von geübten, erfahrenen Maschinenbauern instandgesetzt werden. Manche Produktionsbetriebe verfügen nicht über solche Fachkräfte. Es ist dann ratsam, diese Arbeit aus dem Hause zu geben und einem der Sonderbetriebe zu übertragen, die sich seit Jahren mit der Grundüberholung und Modernisierung von Werkzeugmaschinen befassen. Man hat dann die Gewähr für genaue Ausführung im Rahmen der genormten VDW-Bedingungen.

Tabelle 20. *Richtpreise für Grundüberholung einer Fräsmaschine*

Maschinenart und -größe	Richtpreis für Grundüberholung
Waagerecht- und Senkrecht-Fräsmaschnien Tischgröße bis 350 × 200 mm Bohr- und Fräswerke bis 80 mm Spindeldurchmesser	35—60% des Neuwertes
Große Waagerecht- und Senkrecht-Fräsmaschinen Gleichlauf- und Wälzfräsmaschinen	30—50% des Neuwertes
Besonders schwere Fräsmaschinen und Sondermaschinen	25—40% des Neuwertes

IV. Fehler beim Fräsen und ihre Abhilfe

A. Voraussetzungen für einwandfreie Fräsarbeit

21. Die gestellte Aufgabe. Bei jeder Fräsarbeit will man maßhaltige Werkstücke mit ausreichender Oberflächengüte innerhalb der vorgegebenen Zeit fertigstellen. Zugleich sollen hierbei Fräsmaschine und Spannvorrichtung geschont, Werkzeugverschleiß und Schmiermittelverbrauch innerhalb zulässiger Grenzen gehalten werden. Diese Aufgabe kann man nur lösen, wenn man sich zuvor mit den durch Werkstück und Fräsverfahren bedingten Arbeitsverhältnissen vertraut macht.

22. Die Einflußgrößen. In Tab. 21 sind die einzelnen Zusammenhänge dargestellt. Es ist nicht leicht, alle diese Voraussetzungen bei der Wahl der Arbeitsbedingungen zu berücksichtigen. Ausführliche Angaben hierüber sind an anderer Stelle zu finden [*34*].

Tabelle 21. *Auswirkung von Werkstück und Arbeitsverfahren*

Einflußgröße	zu beachten sind:
Werkstück:	verlangte Genauigkeit und Oberflächengüte; durch Werkstoff und Festigkeit (Härte) gegebene Bearbeitbarkeit; durch Form und Starrheit bedingte Spannmöglichkeit (starr, halbstarr, nachgiebig).
Werkzeug:	Zahnform (spitzgezahnt oder hinterdreht), Zähnezahl, Drall; Werkstoff (Schnellstahl, Hochleistungs-Schnellstahl mit erhöhtem Vanadium- oder Kobaltgehalt, Hartmetall), Härte; Schneidenzustand und Standzeit.
Maschine:	Eignung (Bauart) und Zustand (Spiel der Fräs- und Tischspindel, Genauigkeit der Tisch- und Spindelkastenführungen); Antriebsleistung und Baumaße (Tischgröße, Spindelabmessungen, größter Fräserdorndurchmesser); Abstützungsmöglichkeiten (Starrheit), vorhandene Drehzahl- und Vorschubreihen.
Spannvorrichtung:	Bezugsflächen und Befestigungsmöglichkeit, erforderliche Spannzeit, Zugänglichkeit und Reinigung.
Arbeitsverfahren:	Fräsen in einem Schnitt oder Vor- (▽) und Fertigfräsen (▽▽, ▽▽▽), Einzel-, Reihen- oder Mengenfertigung, Stirn- oder Umfangsfräsen, Ein- oder Mehrmaschinenbedienung.

B. Beseitigung auftretender Mängel

Hier sollen einige typische Fehler, die häufig beim Fräsen zu beobachten sind, besprochen und die Möglichkeiten der Abhilfe angegeben werden.

23. Auftreten von Schwingungen („Rattern“). *Ursache:* Die nacheinander laufend in Eingriff kommenden Fräserzähne haben eine bestimmte Schneidenfrequenz, die durch Zähnezahl und Drehzahl des Fräsers gegeben ist. Die hierdurch eingeleiteten Schwingungen können sich sehr schädlich auswirken, wenn

das Werkstück unstarr oder nachgiebig eingespannt ist,
der zu schwache oder schlecht gelagerte Fräsdorn federt,
der Fräser einen zu großen Schlag hat oder
der Gegenhalter der Fräsmaschine unstarr oder ungenügend abgestützt ist.

Wirkung: Unsaubere Werkstückoberfläche (Rattermarken), Beschädigung (durch „Hämmern“) und vorzeitige Abstumpfung der Fräserschneiden, Abnutzung der Spindellagerung und des Getriebes der Fräsmaschine, Gefährdung des Bedienungsmannes bei plötzlichem Werkzeugbruch.

Abb. 77. Durch reichliche Schmierung der Gleit- und Führungsflächen kommen die kleinen (im Bild übertrieben groß dargestellten) Unebenheiten nicht zur Geltung. Bei Trockenlauf „fressen“ die Flächen

Abhilfe: guter Rundlauf des sauber konzentrisch geschliffenen Fräsers auf kräftigem Fräserdorn (größter Gesamtschlag unter 0,03 mm), Abstützung möglichst nahe der Frässtelle, reichliche Schmierung der Führungsflächen (Abb. 77), schwingungsdämpfende Aufstellung der Fräsmaschine und starre Werkstückspannung.

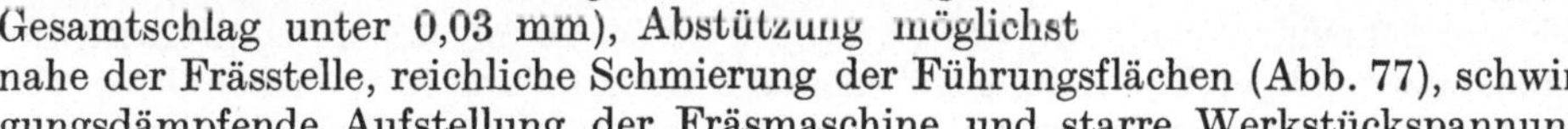

24. Vorzeitige Werkzeugabstumpfung. *Ursache:* Zu hohe Arbeitsgeschwindigkeit oder

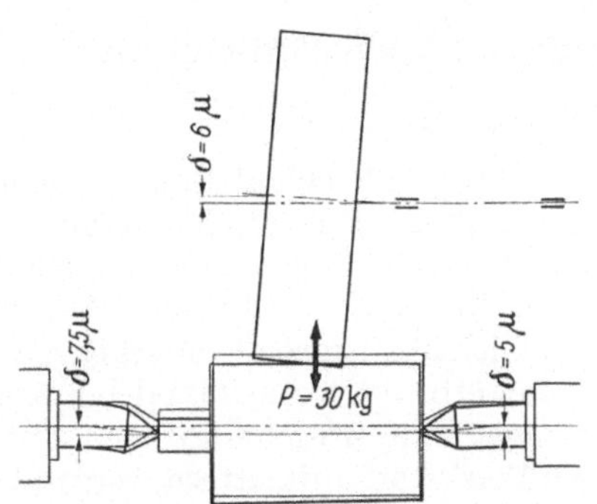

Abb. 78. Durchbiegung von Körnerspitzen und Spindel. Selbst bei kleinen Kräften (Werte gelten für Rundschleifen und 30 kg Querkraft) treten eindeutig meßbare Formänderungen auf

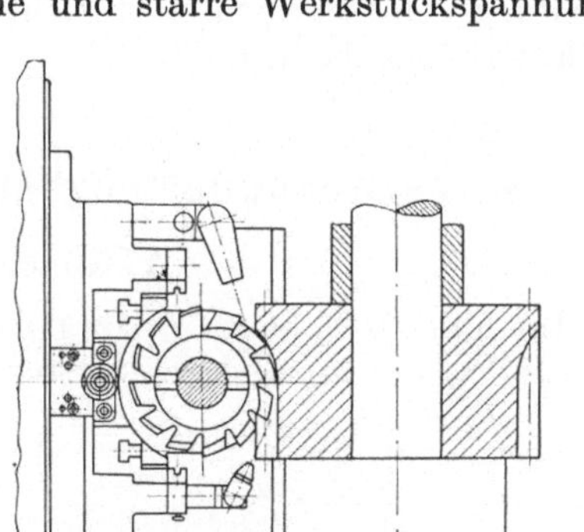

Abb. 79. Kühlmittelzufuhr von zwei Seiten. Breiter Strahl kühlt Schneidenrücken von oben, scharfer Strahl aus unterer Spritzdüse trifft Spanfläche und verhindert Haften der Späne

Spanstauungen = Zerspanungswärme kann nicht ausreichend abgeführt werden; zu kleiner Zahnvorschub = Schneide kann den Span schlecht fassen und gleitet zu lange; ungenügende Schmierkühlung = ungeeignetes, ungünstig zugeleitetes Kühlmittel führt Zerspanungswärme und Späne unvollkommen ab; nachgiebige Werkstückspannung = Werkstoff kann vor der Schneide ausweichen, die sich dann wund läuft; zu dünner Fräsdorn, der rhythmisch zurückfedert (Abb. 78) = Schneide wird „zerschlagen“; Schneidenwerkstoff ist der Härte des Werkstückes nicht gewachsen = zu starker Abrieb oder zu schneller Härteabfall der Schneiden.

Wirkung: häufiger Werkzeugwechsel erforderlich, erhöhte Schleifkosten und Nebenzeiten, Ungenauigkeiten am Werkstück bei Fräserwechsel durch Maßunterschiede des neuen Fräsers gegenüber dem ausgetauschten.

Abhilfe: Anpassung der Schnittgeschwindigkeit an Werkstoff und Änderung des Arbeitsverfahrens (z. B. Gleichlauffräsen (s. S. 46) läßt wesentlich höhere Werte zu als Gegenlauffräsen); Richtwerte für Mindestvorschub [*34*] beachten; richtige Kühlmittelzufuhr (Auswahl des Schmiermittels [*35, 36*], zweckmäßige Anordnung der Leitungen und Düsen, Abb. 79); unnachgiebige Einspannung des Werkstückes unter Berücksichtigung der Größe und Richtung der Schnittkräfte; Wahl eines möglichst großen Fräserdorndurchmessers; Verwendung von Fräsern mit hochlegierten (z. B. kobalthaltigen) HSS-Schneiden oder mit HM-(Hartmetall-)Schneiden; sichere, gleichmäßige Späneabfuhr [*37*].

25. Ungenügende Maschinenauslastung. *Ursachen:* zu schwache oder nachgiebige Spannung von Werkzeug und Werkstück, ungeeignete Fräserart, falsche Schnittwinkel, ungünstige Aufteilung des Spanquerschnittes, zu hohe Neben- und Rüstzeiten.

Wirkung: nur kleiner Vorschub möglich, da sonst Lockerung der Spannung und Verformung des Werkstückes; schlechter Wirkungsgrad des Antriebsmotors und hohe Maschinenstundensätze.

Abhilfe: Anpassung der Spannmittel an die Maschinengröße (Durchmesser und Abstützung des Fräserdornes und Größe der Spannvorrichtung sollen dem Werkstück- und Tischgewicht entsprechen); Auswahl der günstigsten Werkzeugsorte mit richtiger Schneidenausbildung [*38*]; kräftiger Vorschub mit hoher Schnittgeschwindigkeit bei mäßiger Frästiefe, gegebenenfalls Unterteilung in zwei Schnitte; Verwendung von Mehrfachfräsvorrichtungen und selbsttätigen Teilvorrichtungen oder Mehrmaschinenbedienung.

V. Verwendungsmöglichkeiten von Sonderfräsmaschinen

A. Gleichlauf-Fräsmaschinen

Im Jahre 1936 baute V. Jereczek die ersten Jerwag-Gleichlauf-Fräsmaschinen und führte mit ihnen dieses fortschrittliche Fräsverfahren in Deutschland ein.

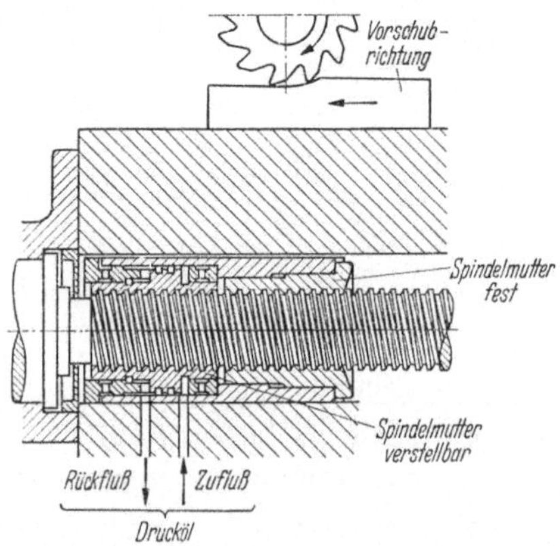

Abb. 80. Gleichlauffräsen. Spielausgleich der Tischspindel durch zwei hydraulisch gegeneinander verstellbare Spindelmuttern (*Cincinnati*)

26. Bauliche Vorbedingungen. Vorschubrichtung und Drehsinn des Fräsers (Abb. 80) sind beim „Gleichlauffräsen“ umgekehrt wie beim „Gegenlauffräsen“. Man läßt den Fräserzahn sozusagen mit Absicht auf den abzunehmenden Werkstoff aufklettern, sorgt aber dafür, daß er das Werkstück nicht heranholen kann, sondern einen Kommaspan bestimmter Größe, mit dem dicken Teil zuerst, abtrennt. Gleichlauffräsen ist daher nur auf Fräsmaschinen mit Ausgleich des vorhandenen Spieles (toten Ganges) der Vorschubspindel möglich. Dabei ist es außerdem unerläßlich, daß der Maschinenaufbau unnachgiebig sowie Werkzeug und Werkstück vollkommen starr eingespannt sind. Sonst ziehen die Fräserschneiden unter Verformung von Werkstück, Werkzeug und Maschine bei stetig zunehmender Spandicke das Werkstück an sich und brechen dann infolge Überlastung aus.

Bei der Jerwag-Gleichlauf-Fräsmaschine ist das Vorschubgetriebe zu diesem Zweck als Doppelspindelsystem (Abb. 81) ausgebildet. Der ruhige Lauf der Maschine ist durch kräftige Rahmenkonstruktion und Aufnahme der auf den Winkeltisch wirkenden senkrechten Kräfte durch *zwei* starke Tragführungssäulen (Abb. 82) gewährleistet. Andere neuzeitliche Fräsmaschinen haben entsprechende Zusatzeinrichtungen für Gleichlauffräsen, bei denen z.B. zwei meist hydraulisch gegeneinander verspannte Muttern den toten Gang der Vorschubspindel beseitigen (Abb. 80).

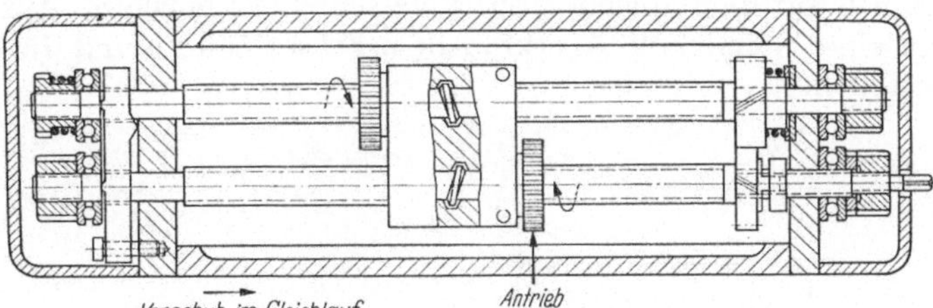

Abb. 81. Selbsttätiger Spielausgleich der Tischspindel beim Gleichlauffräsen durch ein Doppelspindelsystem (*Jerwag*)

27. Vorteile des Gleichlaufverfahrens. **a)** Die *Fräserstandzeit* wird durch den verbesserten Schneideneingriff *erhöht*. Die Schneide dringt sofort in den Werkstoff ein, während sie beim Gegenlauffräsen erst schabt und daher bis zum Eindringen durch Reibung abgenutzt wird.

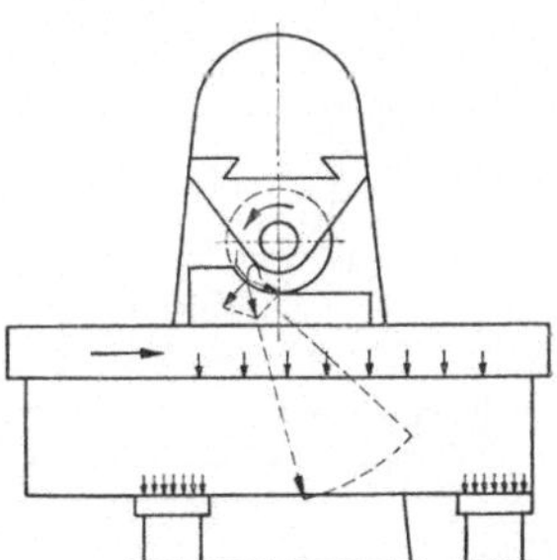

Abb. 82. Aufnahme der beim Gleichlauffräsen auftretenden Vertikalkräfte durch zwei Tragführungssäulen (*Jerwag-Martin*)

b) Infolge gleichmäßigen Arbeits- und Wärmeflusses ist es möglich, Schnittgeschwindigkeit und Vorschub erheblich zu steigern und damit die *Fertigungszeiten* zu *verkürzen*:

Der einzelne Fräserzahn trennt den Span zuerst am dicken Ende ab und schaufelt zugleich eine bestimmte Menge des kalt zufließenden Kühlmittels in die Spankammer (Nute) des Fräsers. Das erwärmte Kühlmittel wird dann zusammen mit den heißen Spänen in ununterbrochenem Strom nach hinten abgeführt. Gleichzeitig kühlt die ständig neu zugeführte Flüssigkeit den Zahnrücken. Besonders auf zähharten Stählen mit Festigkeiten über 80 kg/mm² werden daher beachtliche Mehrleistungen erreicht.

B. Wälzfräsmaschinen[1]

28. Bauarten. Auf Wälzfräsmaschinen [*39—41*] werden Stirnräder, Ritzel, Ketten- und Sperräder, Kerbverzahnungen, Keilwellen and andere wälzfähige Profile innerhalb eines großen Durchmesserbereiches verzahnt. Das Werkstück dreht sich dabei in einem bestimmten Verhältnis zur Fräserdrehzahl; dadurch erhält man selbsttätig die gewünschte Zahnteilung.

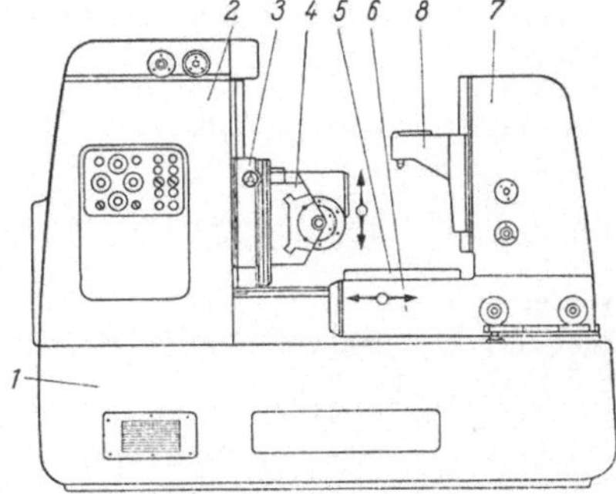

Abb. 83. Aufbau einer Schnellwälzfräsmaschine (Schalenbauart) (*Pfauter*).
1 Bett, *2* Maschinenständer, *3* Frässchlitten, *4* Fräskopf, *5* Maschinenrundtisch, *6* Schlitten für *5*, *7* Gegenständer, *8* Gegenhalter

a) Schalenbauart. Abb. 83 zeigt den grundsätzlichen Aufbau einer Wälzfräsmaschine. Die Antriebselemente sind in dem Maschinenständer *2* untergebracht. Der in dem Fräskopf *4* aufgenommene Wälzfräser kann mit seinem Getriebe verschwenkt und entsprechend seinem Steigungswinkel auf fünf Winkelminuten genau schräg zur Werkstückachse eingestellt werden.

[1] Dieser Abschnitt enthält nur einige grundsätzliche Angaben, weil die Wälzfräsmaschinen in dem Werkstattbuch „Verzahnmaschinen im Betrieb" ausführlich behandelt werden.

Das Werkstück spannt man auf den runden Maschinentisch *5*, der durch ein genaues Teilschneckengetriebe gleichmäßig gedreht wird. Der Tisch selbst ist in einem Schlitten *6* auf dem Maschinenbett verschiebbar gelagert. Auf diese Weise kann man mit einer Spindel das Werkrad dem Fräser nähern und die erforderliche Zahntiefe einstellen.

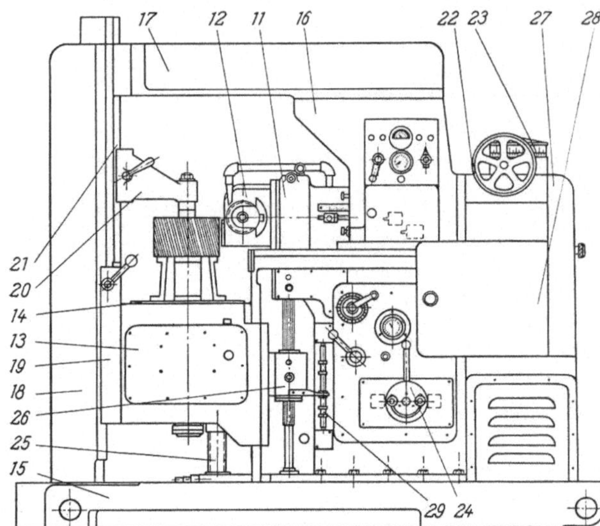

Abb. 84. Aufbau und Bedienungselemente einer Hochleistungs-Starr-Räderfräsmaschine (Rahmenbauart) (*Staehely*).
11 Frässchlitten, *12* Fräskopf, *13* Werkstückschlitten, *14* Werkstücktisch, *15* Grundplatte (Kühlmittelwanne), *16* Ständer, *17* Querhaupt, *18* Gegenständer, *19* Gegenhalterschlitten, *20* Gegenhalter, *21* Gegenhalterführung, *22* Handrad für stufenloses Verstellen der Fräserdrehzahl, *23* Verstellkopf, *24* Schaltkopf mit einstellbaren Anschlägen, *25* Spindel für Bewegung des Werkstückschlittens, *26* Getriebekasten zum Antrieb des Werkstücktisches, *27* Tür zu den Teilwechselrädern, *28* Tür zu den Differentialrädern, *29* Schaltnocken für Senkrechtbewegung

Tabelle 22. *Wälzfräsmaschinen (Beispiel einer Typenübersicht)*

Typ	Arbeitsbereich größtes Werkstück Durchm.	größte Zahnbreite	größter Modul	größter Fräser	Fräser/U/min Vorschub mm/WU (Zustellung mm/WU)	Platzbedarf (Bodenfläche)	Hauptmotorleistung kW Gewicht kg
Pfauter RS|OO (P 251)	250/150	160	1,5/2,5	80 ⌀ × 85 × 27	70—224 0,25—3,0 (0,16—0,96)	1455/680	0,9/1,4 1025
Staehely 250 S	250	300	5	130 ⌀ × 120 × 40	100—400 0,25—4,3 (0,05—3,65)	1740/1400	5,5 4700
Pfauter RS 1 P 400	400	275	8	125 ⌀ × 156 × 40	45—180 0,25—4,0 (0,11—1,7)	2500/1900	3,0 2650
Liebherr S 5 V	600	360	8	160 ⌀ × 130 × 40	40—200 0,2—3,7 (0,1—1,85)	2900/1750	7,5 4850
Staehely 506 S	500	280	6(8)	140 ⌀ × 130 × 40	98—480 0,28—4,9 (0,12—2,1)	2200/1250	5,0 4960
Lorenz E 6	600	320	6	120 ⌀ × 110 × 32	25—160 0,3—3,84		4,0 2800
E 9	900	380	9	160 ⌀ × 145 × 32	23—170 0,3—4,0		5,5 5560
E 12	1200	450	12	180 ⌀ × 200 × 40	22—140 0,3—3,9		7 6500
Liebherr S 7	1500	500	12	220 ⌀ × 260 × 40	30—180 0,27—4,9	4700/2500	15 12000
S 9	3000	1000	20 (30)	300 ⌀ × 500 × 60	18—108 0,2—7,2	8250/3000	20 45000

b) Bei der Rahmenbauart (Abb. 84) ist der Frässchlitten mit dem schräg einstellbaren Fräskopf *12* nur waagerecht verschiebbar, während der Werkstücksschlitten *13* mit dem sich drehenden Werkstück senkrecht auf- und abwärts fährt. Bei anderen Bauarten ist der Tisch ortsfest und führt nur eine Drehbewegung aus. Die Zustell- und Vorschubbewegungen sind dann dem Fräskopf übertragen.

Aus Tab. 22 kann man einige Daten über heutige Baugrößen von Walzfräsmaschinen entnehmen.

c) Als Halbautomaten mit Programmschaltung [*43, 44*] ausgelegte Wälzfräsmaschinen sind narrensicher und haben Einhebelsteuerung. Der selbsttätige Arbeitsablauf wird durch Drücken eines Startknopfes eingeleitet. Im Gleich- und Gegenlauf-Fräsverfahren sind folgende Möglichkeiten gegeben:

1. Längsfräsen (Axialfräsen) z. B. bei Stirnrädern
2. Tauchfräsen (Radialfräsen) z. B. bei Schneckenrädern
3. Tauchlängsfräsen (Radial-Axialfräsen) z. B. bei Stirn- und Schraubenrädern
4. desgleichen mit Sprungschaltung z. B. bei mehreren Verzahnungen mit gleicher Zähnezahl an demselben Werkstück
5. desgleichen mit Stufenschaltung z. B. bei Verzahnungen mit verschiedenen Zähnezahlen an einem Werkstück
6. Vor- und Fertigfräsen in einer Arbeitsfolge z. B. bei großen Zahntiefen.

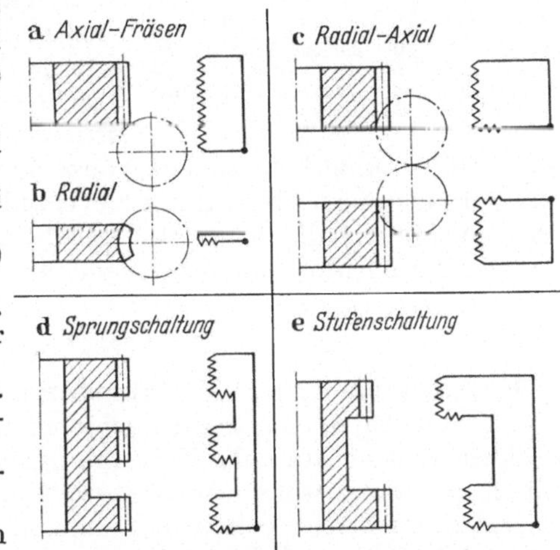

Abb. 85a—e. Arbeitsprogramme beim Wälzfräsen von Verzahnungen. a) Axialfräsen, b) Radialfräsen (Tauchfräsen), c) Radial-Axial (Tauchlängs)-Fräsen, d) Sprungschaltung, e) Stufenschaltung

Einige dieser Arbeitsgänge sind in Abb. 85 schematisch dargestellt. Wälzfräsmaschinen werden auch mit *selbsttätiger* Beschickung gebaut, so daß sie als *Vollautomaten* arbeiten [*42*].

29. Sondereinrichtungen. Für bestimmte Arbeiten auf der Wälzfräsmaschine sind zusätzliche Sondereinrichtungen erforderlich, so z. B. für das Fräsen von Schrägstirn- und Schraubenrädern ein Differentialantrieb, für das Fräsen außergewöhnlich großer Teilungen und Sonderprofile mit Formfräsern eine selbsttätige Teileinrichtung und zum Tangential-Fräsen von Schneckenrädern eine Quervorschubeinrichtung, die in Verbindung mit dem Differential arbeitet.

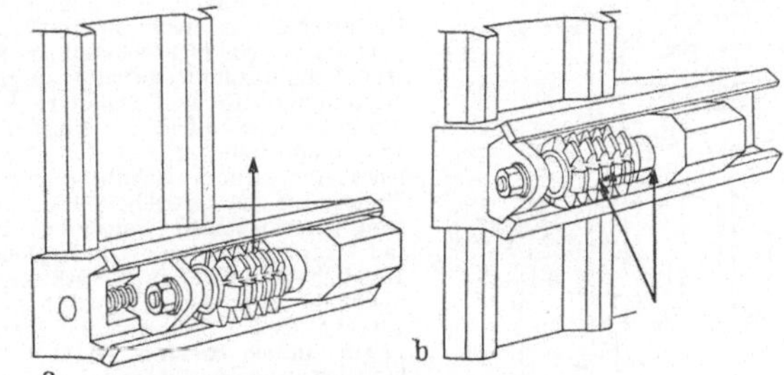

Abb. 86a u. b. Vorschubrichtungen beim Wälzfräsen. a) axial, b) diagonal

Besonders hervorgehoben seien noch zwei weitere Fräserverschiebeeinrichtungen, da mit ihnen beachtliche Leistungsverbesserungen erreicht werden können, nämlich die mit der Bezeichnung „Shifting" verbundene periodische Fräserverschiebung und der stetige Axial-Tangential-Fräservorschub, wie er beim Pfauter-Diagonalfräsverfahren angewendet wird.

a) Beim „Shifting" verschiebt man den Fräser mit einer meist hydraulischen Zusatzeinrichtung von Zeit zu Zeit, z.B. nach jedem Werkstück (jedoch nicht während des Fräsens eines Werkstückes), um einen bestimmten Betrag in seiner Längsrichtung. Die Wirkung ist folgende: Bei reinem Axialverschub (längs der *Werkstück*achse, Abb. 86a) liegt die Hauptverschleißzone an der Einlaufseite und die übrigen Zähne werden wenig ausgenutzt. Verschiebt man aber nach einer Anzahl Schnitte den Fräser zusätzlich in Richtung der *Fräser*achse, so kommen alle Zähne zum Anschneiden und es tritt ein gleichmäßigerer Verschleiß auf. Man kann dann die Schnittgeschwindigkeit erhöhen und damit die Ausbringung steigern oder die Standzeit des Fräsers verlängern und damit Werkzeug- und Schleifkosten sparen.

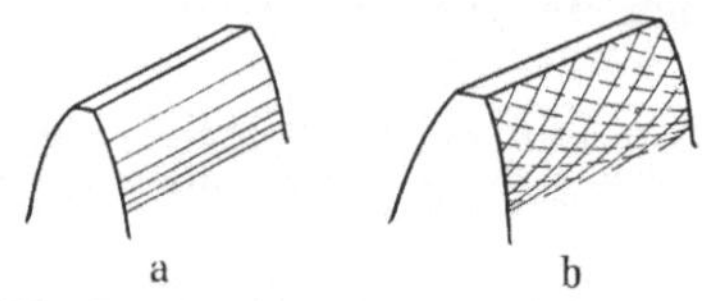

Abb. 87a u. b. Mit axialem Vorschub gefräste Zahnflanken (a) gleiten schwerer als solche mit diagonaler Lage der Hüllschnittkanten (b)

b) Für das Diagonal-Wälzfräsverfahren [45] ist ein zusätzliches Vorschub-Wechselgetriebe erforderlich, das im Maschinenständer untergebracht wird. Jeder Zahn des sich diagonal gegenüber dem Werkstück verschiebenden Wälzfräsers (Abb. 86b) wandert durch das ganze Zerspanungsgebiet und wird somit gleichmäßig beansprucht. Man nutzt hierbei nicht nur den Fräser besser aus, sondern erhält auch durch die diagonale Lage der Hüllschnittkanten besser geformte Zahnflanken, die leichter aufeinander gleiten (Abb. 87).

C. Werkzeugfräsmaschinen

30. Anforderungen. Von Fräsmaschinen für den Werkzeugbau verlangt man weitgehende Anpassung an die wechselnden Erfordernisse der Fertigung. Es kommt bei ihnen weniger auf hohe Zerspanungsleistung als auf vielseitige Einsatzmöglichkeit an. Auch ungewöhnliche Werkstückformen sollen ohne Umspannen gefräst und alle erforderlichen Arbeiten auf ein und derselben Maschine ausgeführt werden können. Sie besitzt zu diesem Zwecke zahlreiche Verstellmöglichkeiten und Zusatzeinrichtungen auch z. B. für weitere Arbeitsgänge wie Bohren und Stoßen.

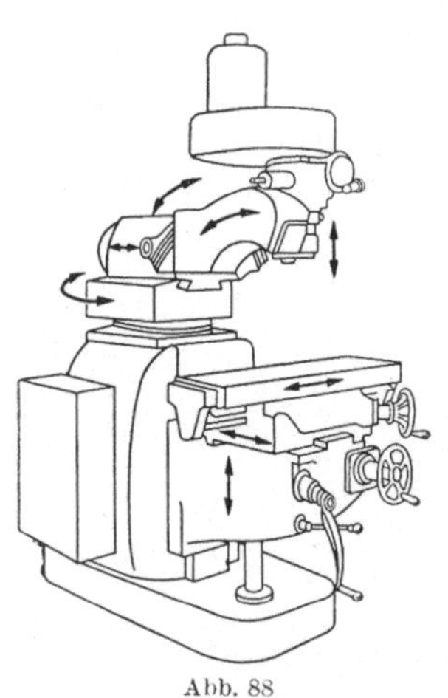

Abb. 88

Abb. 88. Werkzeug- und Gesenkfräsmaschine mit 8 Bewegungsrichtungen (*Cincinnati*)

Abb. 89. Werkzeug-Fräs- und -Bohrmaschine (*Deckel*).
Auf Maschinenständer *A* ist Spindelbock *C* waagerecht verschiebbar angeordnet. Dieser trägt Frässpindel *D*, die in beweglicher Frässpindelhülse gelagert ist. Arbeitstisch *E* waagerecht und mit Höhensupport *F* auch senkrecht verstellbar. Ständerfuß *B* als Kühlmittelbehälter ausgebildet. Bedienungsgriffe und Schalter: Schaltrad *1* und Zahlenscheibe *2* für Einstellung der Frässpindeldrehzahl; Schaltrad *3* und Zahlenscheibe *4* für Vorschubgeschwindigkeit; Handrad *5* auf Getriebewelle; Handrad *6* zum Verschieben des Spindelbocks; Handrad *7* zum Ausfahren der Frässpindelhülse; Klemmgriffe *8* und *9* zum Festklemmen von Spindelbock und -hülse; Schaltknopf *10* zum Einschalten des Hauptmotors; Schaltknopf *11* für Pumpe; Handrad *12* für Höhenstellung des Supportes; Handrad *13* für Längsbewegung des Tisches; Schalthebel *14* für selbsttätige Tischbewegung links-rechts; und auf-ab; Schalthebel *15* für Eilgang

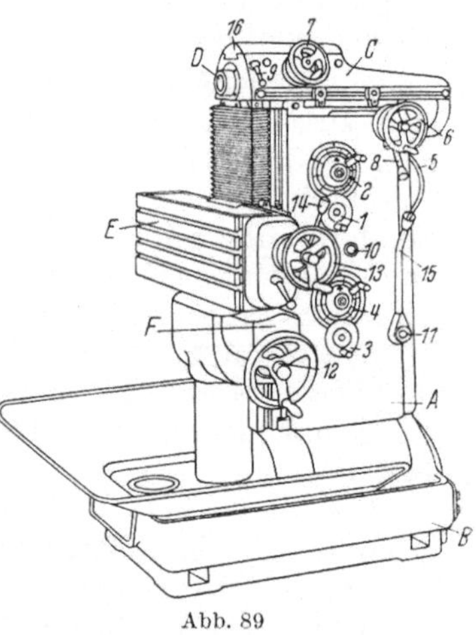

Abb. 89

Werkzeugfräsmaschinen haben daher in der Regel außer der waagerechten eine senkrechte Spindel und schwenkbare Aufspanntische, so daß man auch an schräg liegende Flächen gut herankommt. Enge Herstellungstoleranzen lassen sich einhalten, da genaue Zentrier- und Zustellelemente zur Verfügung stehen. Der Bereich der Spindeldrehzahlen ist so gewählt, daß selbst kleine Fräser wirtschaftlich arbeiten.

31. Bauarten. Den weiten Arbeitsbereich einer Werkzeugfräsmaschine mit acht voneinander unabhängigen Bewegungsmöglichkeiten zeigt z. B. Abb. 88. Die senkrechte Frässpindel läßt sich nach allen Richtungen schwenken, so daß räumliche Modelle, Gesenke und ähnliche Formen nach Zeichnung hergestellt werden können. Die für Längs-, Quer- und Senkrechtbewegung vorhandenen Tischvorschübe gestatten die Bearbeitung der geraden Abschnitte des Werkstückes. In Abb. 89 ist eine außerordentlich vielseitige Werkzeugfräs- und -bohrmaschine dargestellt, die in allen Industriezweigen mit bestem Erfolg eingesetzt wird. Nach dem Baukastensystem kann diese Maschine durch leistungsfähige Zusatzgeräte (Abb. 90—99) ergänzt und damit auch für schwierige Fertigungs-

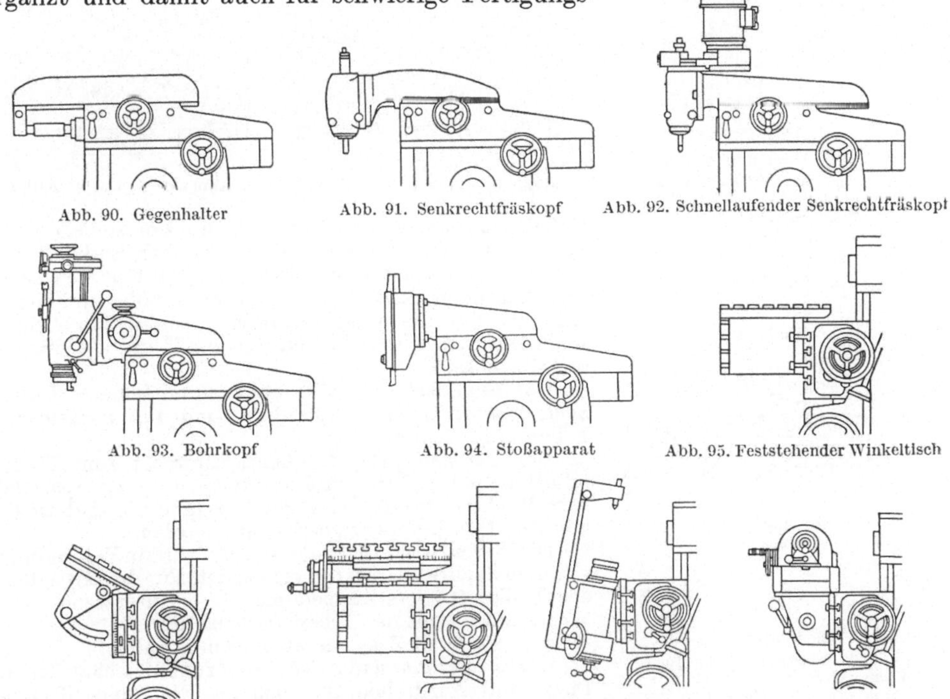

Abb. 90. Gegenhalter Abb. 91. Senkrechtfräskopf Abb. 92. Schnellaufender Senkrechtfräskopf

Abb. 93. Bohrkopf Abb. 94. Stoßapparat Abb. 95. Feststehender Winkeltisch

Abb. 96. Schwenkbarer Winkeltisch Abb. 97. Rundtisch Abb. 98. Teilkopf Abb. 99. Nutenfräseinrichtung

Abb. 90—99. Zusatzgeräte zur Maschine Abb. 89

aufgaben des Werkzeugbaues eingerichtet werden. Nähere Angaben sind in den Abb.-Unterschriften enthalten. Zusätzlich sei bemerkt:

Der Maschinenständer *A* enthält in seinem Innern das Haupt- und Vorschubgetriebe, den Antriebsmotor und die Kühlmittelpumpe. Der Arbeitstisch *E* (700 × 240 mm) kann in dem senkrecht verstellbaren Höhensupport *F*, der am Ständer geführt wird, mit einer Spindel längs bewegt werden.

Mit Hilfe des Handrades *5* kann die Getriebewelle gedreht werden, damit die Räder beim Schalten leichter einrasten. Der in der Frässpindel aufgenommene Fräser wird durch Verschieben des Spindelbockes mit Handrad *6* oder durch Ausfahren der Frässpindelhülse mit Handrad *7* in die gewünschte Stellung gebracht und mit den Klemmgriffen *8* und *9* festgestellt. Hauptmotor und Kühlmittel-Pumpe können dann mit den Schaltknöpfen *10* und *11* eingeschaltet werden.

Für die Höhenstellung des Supportes und die Längsbewegung des Tisches sind zum Einrichten die Handräder *12* und *13* und für den automatischen Arbeitsvorschub der Schalthebel *14* (Einhebelbedienung: Tisch nach links-rechts, auf-ab) vorgesehen. Der Eilgang wird mit einem besonderen Hebel *15* zusätzlich eingeschaltet.

Der *Senkrechtfräskopf* (Abb. 91) ist um 360° drehbar, seine Spindel kann axial verstellt werden.

Der *schnellaufende Senkrechtfräskopf* (Abb. 92) hat einen eigenen Antriebsmotor; er ist nach beiden Seiten um 45° schwenkbar, senkrecht um 60 mm zu verstellen und besonders für kleine Fräser bestimmt.

Der *Bohrkopf* (Abb. 93) ist um je 90° schwenkbar und besitzt Schnellgang (Höchstdrehzahl der Bohrspindel 6300 U/min), Grob- und Feinzustellung, selbsttätigen Vorschub sowie Meßeinrichtung (Meßuhrhalter und Endmaßauflage) für die genaue Einstellung der Bohrtiefe nach Endmaßen.

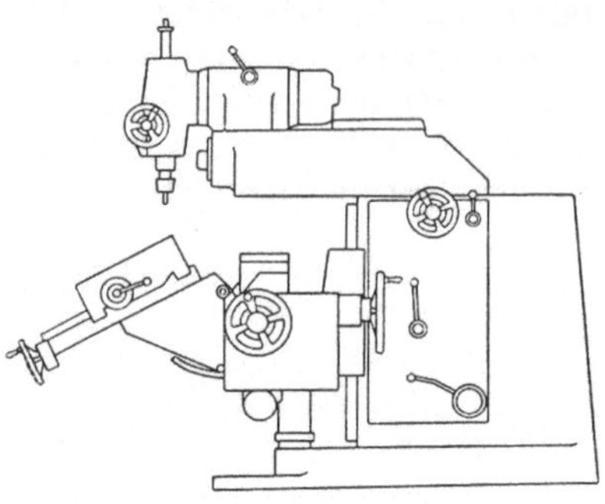

Abb. 100. Tisch 30° nach vorn

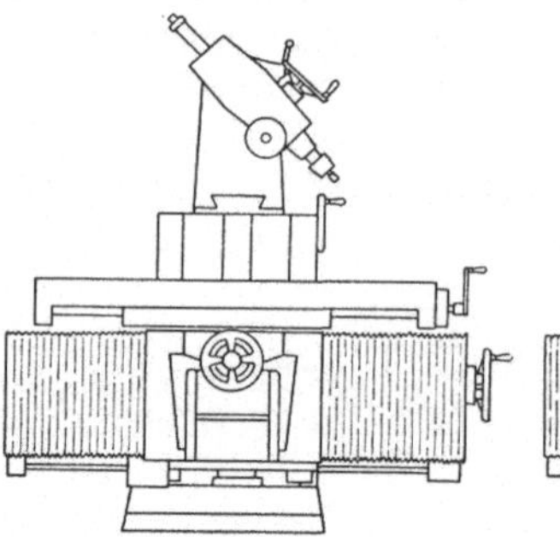

Abb. 101. Frässpindel ± 180°

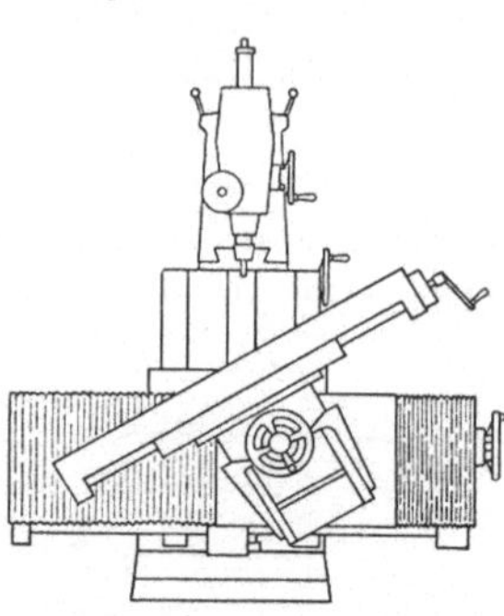

Abb. 102. Tisch 30° seitlich

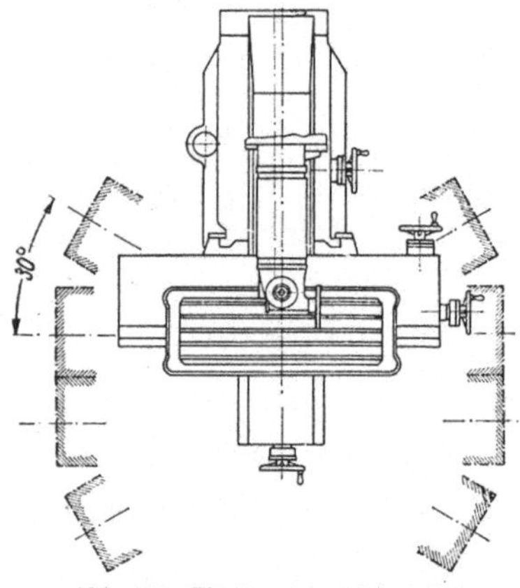

Abb. 103. Tisch waagerecht ± 30°

Abb. 100—103. Schwenkbereiche einer Universal-Werkzeugfräsmaschine (*Schwäbische Hüttenwerke*)

Der *schwenkbare Winkeltisch* (Abb. 96) läßt sich nach drei Richtungen schwenken: um je 30° parallel zum Tischschlitten um die waagerechte und senkrechte Achse, senkrecht zum Tischschlitten um je 45° um die waagerechte Achse.

Der *Rundtisch* (Abb. 97) ist für unmittelbares Teilen nach Rasten oder Winkelskala und für mittelbares Teilen eingerichtet.

Der *Teilkopf* (Abb. 98) kann senkrecht zum Tischschlitten um je 90° und um die waagerechte Achse (parallel zum Tischschlitten) um 15° zur Maschine hin und um 6° von der Maschine weg geschwenkt werden.

Die *Nutenfräseinrichtung* (Abb. 99) wird in Verbindung mit dem Senkrechtfräskopf verwendet. Für die Bewegung des Teilkopfträgers kuppelt man ihre Nutenwelle über Wechselräder mit der Arbeitstischspindel.

Von weiteren Zusatzgeräten seien erwähnt:

Universal-Plan- und Ausdrehkopf zum wirtschaftlichen Plan- und Ausdrehen, Feinbohren, Ein- und Hinterstechen in einer Aufspannung,

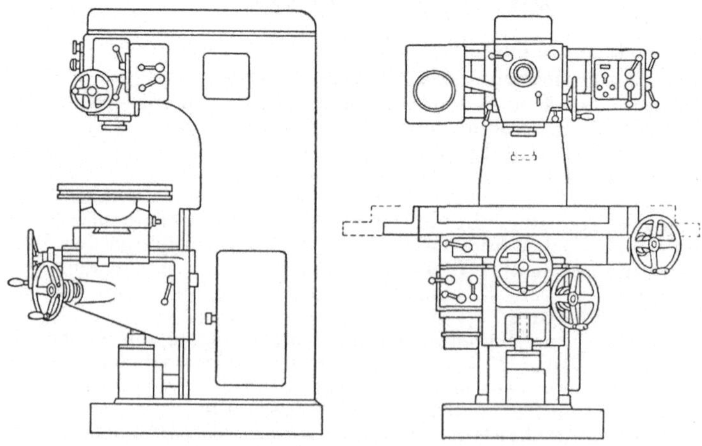

Abb. 104. Senkrecht-Werkzeug-Bohr- und Fräsmaschine Type V 10a (*Hurth*)

Einstellmikroskop für die genaue Einstellung der Spindelachse auf einen bestimmten Punkt des Werkstückes. Es wird mit einem Morsekegelschaft in die Spindel eingesetzt, *Zentrier-Meßgerät* mit Meßuhr und Tasthebel, das in gleicher Weise aufgenommen wird.

Der Arbeitsbereich einer *größeren Universal-Werkzeugfräsmaschine* ist in Abb. 100 bis 103 angedeutet. Ihr Frästisch (1200 × 400 mm) ist um je ± 30° dreh-, neig- und kippbar, der Schwenkbereich ihrer Senkrecht-Frässpindel umfaßt ± 180°. Sie wird besonders wirtschaftlich im Formen- und Kokillenbau eingesetzt.

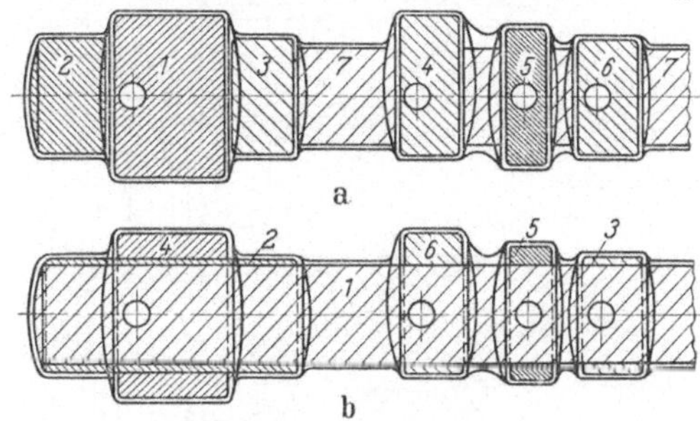

Abb. 105a u. b. Spanschichtaufteilung an einem Nockenwellengesenk
a) ungünstig, da lauter kleine Abschnitte; b) günstig, da großer durchgehender Hohlraum mit kräftigem Werkzeug ausgefräst wird und nur kleine Restabschnitte für schwächere Kegelfräser übrigbleiben

Bei der *Herstellung von Schmiedegesenken* [*46*] verteilt sich die Arbeit auf das Planfräsen des Gesenkblockes und das Ausfräsen der Formen. Beide Arbeitsgänge können auf den Werkzeug-Bohr- und Fräsmaschinen, von denen eine weitere Type in Abb. 104 gezeigt ist, ausgeführt werden. Ihr Tisch läßt sich innerhalb von ± 15° genau schrägstellen. Die Verschiebung des Längs- und des Quertisches wird an Maßstäben und an Skalenscheiben mit 0,02 mm Strichteilung abgelesen oder, wenn genauer erforderlich, mit Endmaßen und Meßuhr gemessen.

Beim *Ausfräsen der Formen* kommt es darauf an, möglichst schnell die zu zerspanende Stahlmenge abzutragen und diese sogenannte Spanschicht zweckmäßig aufzuteilen (Abb. 105). Es ist hierbei ungünstig, jeden Querschnitt (*1* bis *7*) für sich auszuarbeiten (*a* in Abb. 105). Mit Rücksicht auf die Ecken sind dann nämlich verhältnismäßig schlanke Kegelfräser erforderlich, denen man keine großen Vorschübe zumuten kann. Das wird anders, wenn man nach *b* in Abb. 105 zunächst den durchgehenden halbrunden Hohlraum *1* ausfräst, wofür ein kräftiger Halbrundfräser mit großem Vorschub eingesetzt werden kann. Die kleineren Restabschnitte, die den feineren Kegelfräsern verbleiben, spielen dann keine wesentliche Rolle. Zur weiteren Zeitersparnis empfiehlt es sich, alle Teilabschnitte zunächst mit einem Spiralbohrer anzubohren, der leichter als ein Fräser in die Tiefe eindringt und die Späne besser fördert. Diese Gesichtspunkte gelten in erster Linie, wenn die Bewegungen nach Anriß auf dem Werkstück von Hand gesteuert werden.

D. Nachformfräsmaschinen (Kopierfräsmaschinen)

Beim Nachformen unregelmäßig begrenzter Flächen, z. B. an Gesenken und Ziehwerkzeugen, verwendet man neben gewöhnlichen Senkrecht-Fräsmaschinen mit Zusatzeinrichtungen wie Rund- oder Längskopier-Fräsapparaten, die auf den Maschinentisch gespannt werden, in steigendem Maße Nachformfräsmaschinen, deren Bauart von vornherein dem Sonderzweck angepaßt ist. Die gebräuchlichsten Typen sind die handgesteuerten und die selbsttätigen Nachformfräsmaschinen.

32. Handgesteuerte Nachformfräsmaschinen. a) Bauformen. Eine handgesteuerte Nachformfräsmaschine ist in Abb. 106 dargestellt. Sie gehört zu der Gruppe der Senkrecht–Knietisch-Fräsmaschinen. Der längs- und quer verschiebbare Arbeitstisch ist auf einem Konsol gelagert, das senkrecht verstellbar an dem kastenförmigen Maschinenständer geführt ist. Eine weitere zweite kräftige Schlittenführung trägt einen in der Höhe einstellbaren Bock mit dem festen Modelltisch. Diese Tische lassen sich unabhängig voneinander verstellen. Am oberen Teil

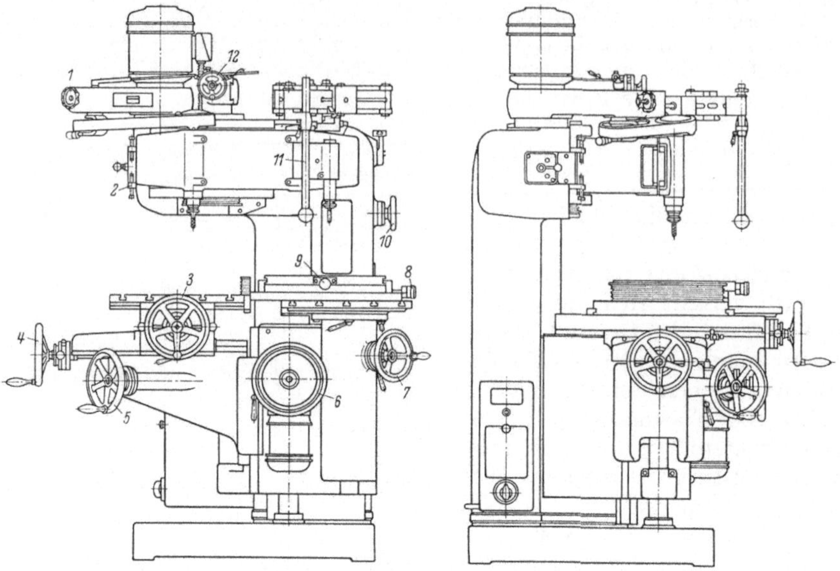

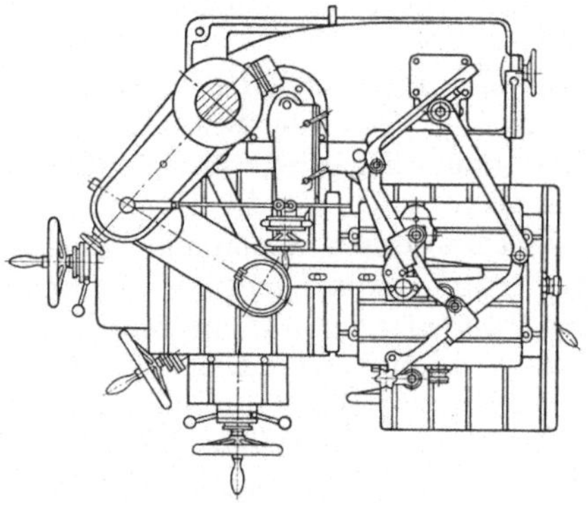

Abb. 106
Handgesteuerte Nachformfräsmaschine (*Deckel*).

1 Handrad für Verstellung der Frässpindeldrehzahlen, *2* Tiefenanschlag für Fräslagerführung, *3* Handrad für Arbeitstisch-Längsvorschub (mit Ratschenschaltung), *4* Handrad für Arbeitstisch-Quervorschub (mit Ratschenschaltung), *5* Handrad für Arbeitstisch-Höhenverstellung, *6* Handrad für Höhenverstellung des Senkrechtschlittens, *7* Handrad für Höhenverstellung des Modelltisches, *8* Knopf für Quereinstellung des Schleppmodelltisches, *9* Knopf für Längsbewegung des Schleppmodelltisches, *10* Handrad für Gewichtsausgleich des Pantographen, *11* Handgriff zur Führung des Pantographen, *12* Handrad für Tiefenzustellung der Fräslagerführung

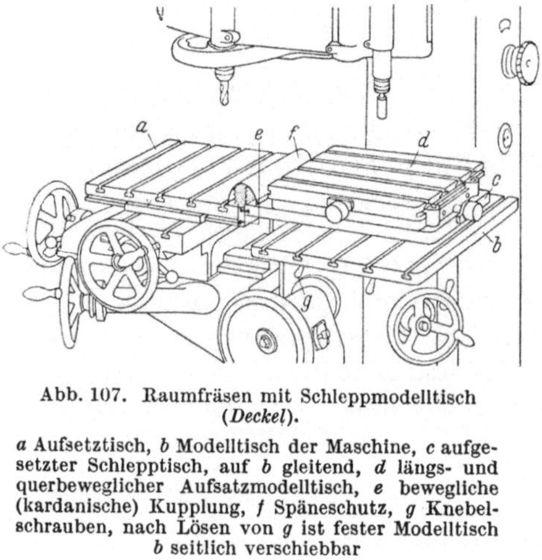

Abb. 107. Raumfräsen mit Schleppmodelltisch (*Deckel*).

a Aufsetztisch, *b* Modelltisch der Maschine, *c* aufgesetzter Schlepptisch, auf *b* gleitend, *d* längs- und querbeweglicher Aufsatzmodelltisch, *e* bewegliche (kardanische) Kupplung, *f* Späneschutz, *g* Knebelschrauben, nach Lösen von *g* ist fester Modelltisch *b* seitlich verschiebbar

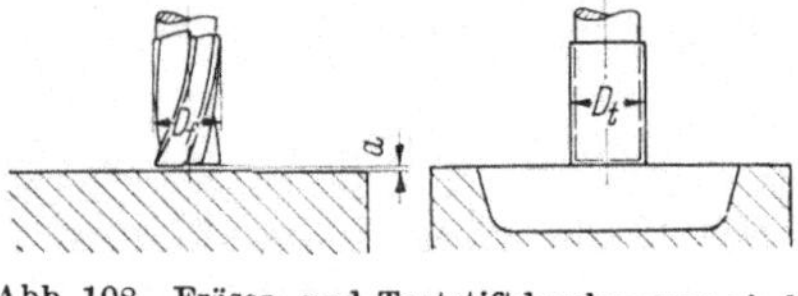

Abb. 108. Fräser- und Taststiftdurchmesser sind voneinander abhängig: $D_t = D_f + 2\,a$ (Fräsaufmaß)

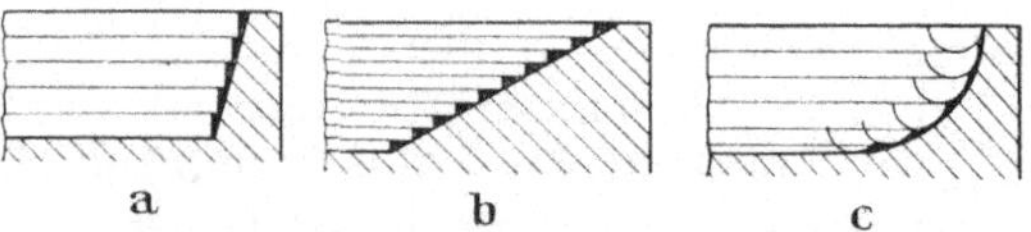

Abb. 109a—c. Abhängigkeit der Frässtufen von der Form der Seitenflächen. a) steile Schräge, b) flache Schräge, c) Rundung

des Ständers befindet sich die Parallelführung mit dem Werkzeugschlitten, in den die von einem Motor angetriebene Frässpindel und der Taststift fest eingespannt werden. Oben auf dem Ständer ist der Pantograph (Storchschnabel) schwenkbar angebracht und zugleich durch ein Gelenk mit dem Werkzeugschlitten gekuppelt, der mit einem Handrad in der Tiefe zugestellt werden kann. Die gesamte Parallelführung ist in Rollen senkrecht verschiebbar am Ständer gelagert, so daß das Modell mit dem Stift senkrecht abgetastet werden kann, während der Pantograph die waagerechten Bewegungen ausführt. Für den Gewichtsausgleich ist im Innern des Ständers eine Feder vorgesehen. Auf diese Weise kann man den Pantographen mit dem Handgriff so im Raume bewegen, daß der Werkzeugschlitten sich in jeder gewünschten Richtung verschiebt.

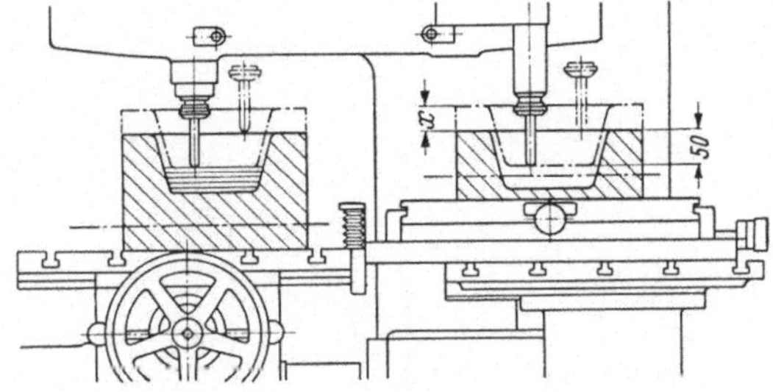

Abb. 110. Tiefenzustellung bei besonders hohen Formen. Werkstück und Modell werden um gleichen Höhenbetrag x zusätzlich zugestellt

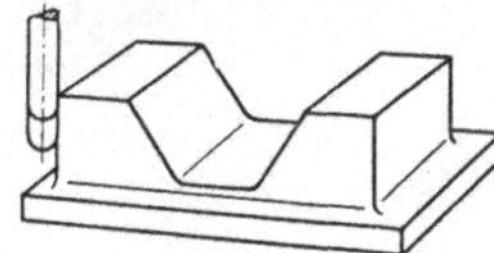

Abb. 111. Automatische Tiefenzustellung

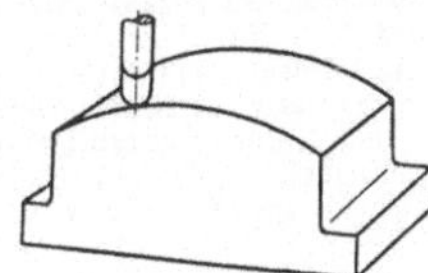

Abb. 112. Zeilenfräsen

Abb. 111 u. 112. Aufteilung beim Schlichtfräsen mit Frässtift

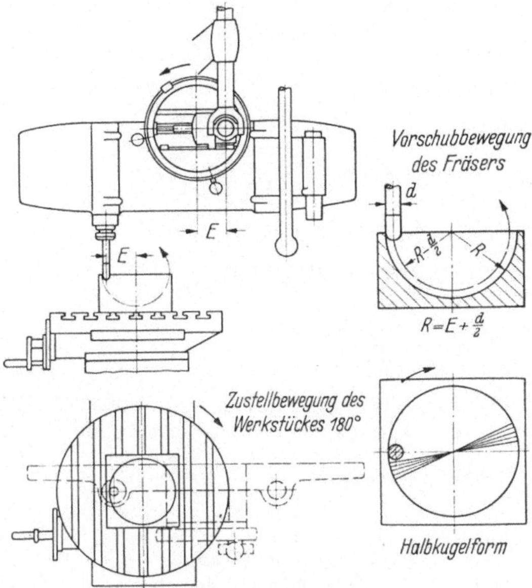

Abb. 113. Fräsen einer hohlen Kugelform

b) Arbeitsregeln. Für das *Vorfräsen*, das bei größeren Raumformen unerläßlich ist, werden zwei miteinander gekuppelte zusätzliche Tische (Aufsetztisch und Schleppmodelltisch, Abb. 107) aufgesetzt und die Frässpindel festgestellt. Mit dem mehrschneidigen Vorfräser wird dann jeweils eine Schicht von höchstens 4 mm abgehoben. Der Taststiftdurchmesser Dt (Abb. 108) ist vom Fräserdurchmesser Df ($\leq$ 22 mm) und Schlichtaufmaß a abhängig: $D_t = D_f + 2\,a$. Das Aufmaß a beträgt bei tiefen Gesenken, die mit einem langen Fräser bearbeitet werden, etwa 1 mm, bei einfachen Formen 0,5 mm. Es werden häufig auch Einschneidefräser (Frässtifte) benutzt, und zwar beim Fräsen von Stahl bis zu 8 mm ⌀, für weiche Werkstoffe (z. B. Modelle) bis zu 12 mm ⌀. Schichthöhe dann höchstens 3 mm. Einstellung mit Hilfe der Skalenscheibe des Senkrechtschlitten-Antriebes. Stufen außerdem abhängig von der Schräge der Seitenflächen (Abb. 109). Fräserstandzeit kann durch Preßluftkühlung der Schneiden wesentlich erhöht werden. Einstellbarer Cellonschirm schützt vor abfliegenden Spänen. Für Leichtmetallbearbeitung Fräser mit Petroleum benetzen.

Oberflächengüte und Formgenauigkeit der gefrästen Form hängen besonders von der sauberen *Modellausführung* und der zweckmäßigen Aufteilung des *Schlichtfräsens* in Vor- und Fertigschlichten ab. Beim Vorschlichten mit der Schlichtspindel ist darauf zu achten, daß die vom Vorfräsen herrührenden Stufen verschwinden und ein gleichmäßiges Aufmaß für das Fertigschlichten von 0,1 bis 0,2 mm erreicht wird. Es soll mit gleichbleibendem Vorschub und mäßigem Druck auf den Taststift ge-

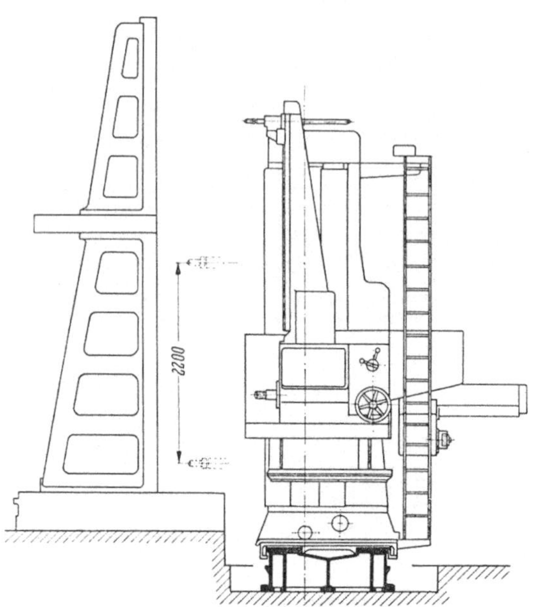

Abb. 114. Gesamtaufbau einer großen selbsttätigen Nachformfräsmaschine (*Heyligenstaedt*)

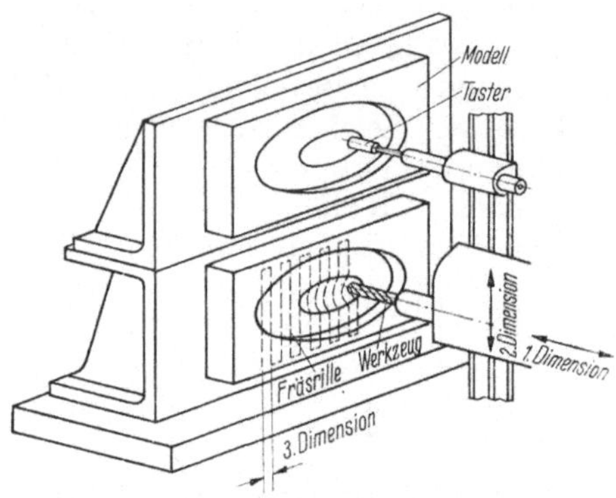

Abb. 115. Schema des Arbeitsablaufes an einer selbsttätigen Nachformfräsmaschine
1. Dimension (Fräser vorwärts/rückwärts) und 2. Dimension (Fräser aufwärts/abwärts) werden durch elektrisch- oder hydraulisch-mechanischen Regelkreis gesteuert, 3. Dimension (seitliche Zustellung) durch gleichmäßigen Zeilensprung

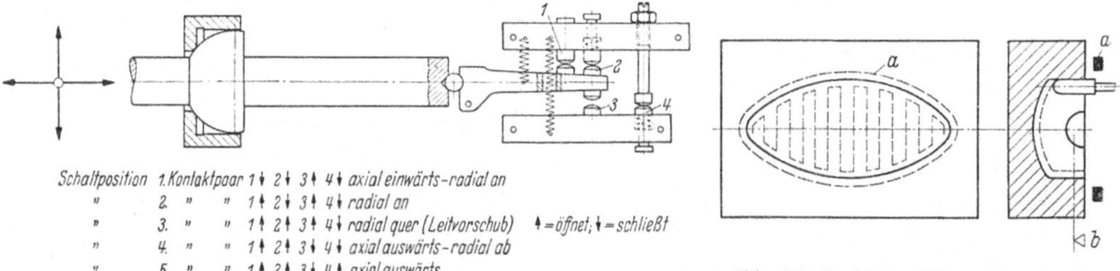

Abb. 117. Elektrischer Kontaktfühler mit 5 Schaltstellungen und allseitig beweglicher Fühlerlagerung

Abb. 116. Leerwege können durch Umschaltschablone *a* und Tiefenanschlag *b* eingeschränkt werden

arbeitet werden. Bei Formen, die über 50 mm tief sind, werden Werkstück und Modell um einen gleichen Betrag x in der Höhe zugestellt (Abb. 110). Der Fräser wird immer an derselben Stelle des Werkstückes sorgfältig eingestellt; es entstehen dann beim Fertigschlichten keine Stufen, die durch Nacharbeit von Hand ausgeglichen werden müßten. Bei steilen oder schrägen Wänden bis zu einem Winkel von 60° (Abb. 111) wird mit selbsttätiger Tiefenzustellung gearbeitet, während bei annähernd waagerechten Flächen (Abb. 112) eine Zeilenfräsvorrichtung benutzt wird.

Geometrisch einfache Formquerschnitte, z. B. Halbkreise, können ohne Bezugsformstück mit Hilfe eines Getriebes gefräst werden. In Abb. 113 ist das Fräsen einer *hohlen Kugelform* dargestellt. Der Frässchlitten wird durch eine Kurbelscheibe mit einstellbarem Halbmesser E halbkreisförmig geführt. Da die Achse der Kurbelscheibe zusätzlich verstellbar ist, kann in der waagerechten und senkrechten Grenzstellung eine in senkrechter oder waagerechter Ebene liegende Kreisform erzeugt werden, während sich in jeder Zwischenstellung schrägliegende *elliptische Formen* herstellen lassen.

33. Selbsttätige Nachformfräsmaschinen. **a)** S t e u e r u n g und A u f b a u. Die selbsttätigen Nachformfräsmaschinen (Abb. 114) werden durch einen elektrischen Fühler gesteuert, der an die Stelle des Taststiftes der Handmaschine tritt. Der Arbeitsablauf ist an der schematischen Darstellung Abb. 115 zu erkennen. Werkstück und Modell werden übereinander (oder auch nebeneinander) gut ausgerichtet aufgespannt. Man führt zunächst Fräser und Fühler axial bis zur Berührung an das Werkstück und Modell heran. Axiale und radiale Zustellung werden dann weiter durch den Fühler gesteuert. Die seitliche Zustellung dagegen ergibt sich

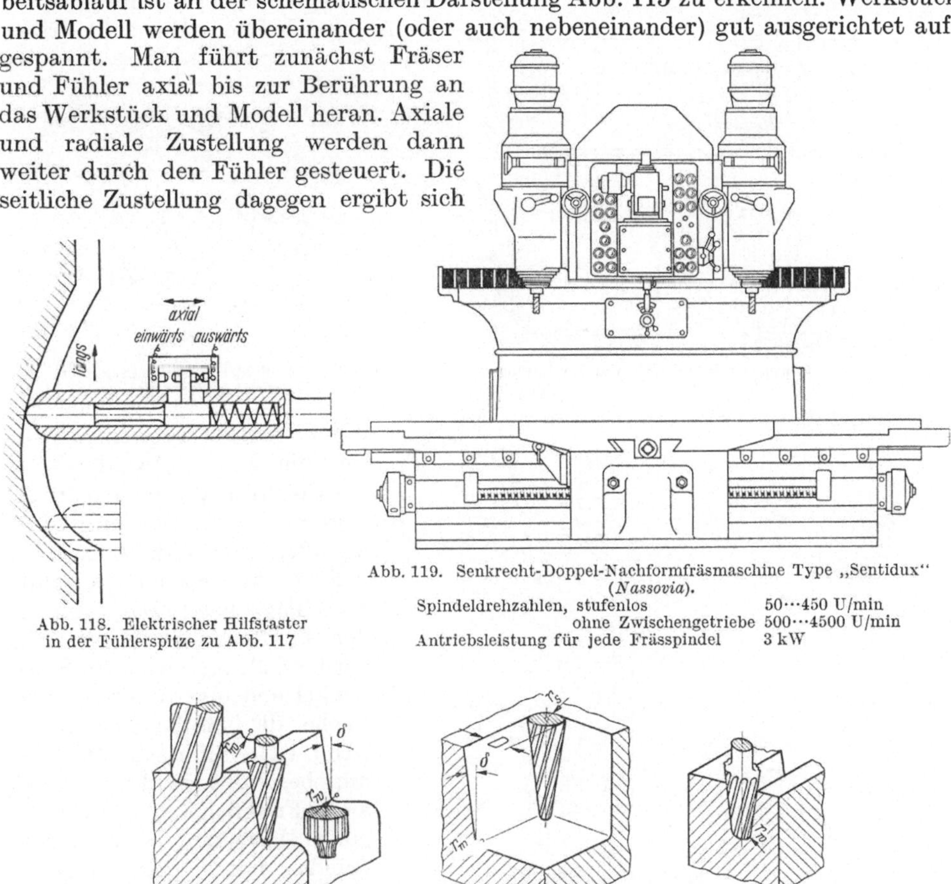

Abb. 118. Elektrischer Hilfstaster in der Fühlerspitze zu Abb. 117

Abb. 119. Senkrecht-Doppel-Nachformfräsmaschine Type „Sentidux" (*Nassovia*).

Spindeldrehzahlen, stufenlos	50···450 U/min
ohne Zwischengetriebe	500···4500 U/min
Antriebsleistung für jede Frässpindel	3 kW

Abb. 120. Anpassen der Gesenkfräserform an die zu fräsende Hohlform

aus dem eingestellten gleichmäßigen Zeilensprung. Es entsteht so eine Fräsrille neben der anderen. Um beim Zeilenfräsen zeitraubende Leerwege zu vermeiden, kann man den Fräsweg zusätzlich durch Umschaltschablonen und Tiefenanschläge (Abb. 116) begrenzen und der Gesenkform anpassen. Abb. 117 zeigt einen elektrischen Kontaktfühler mit 5 Schaltstellungen, Abb. 118 einen Hilfstaster in der Fühlerspitze dazu.

Der Aufbau einer Nachformfräsmaschine in Senkrecht-Bauart mit zwei Frässpindeln ist in Abb. 119 dargestellt.

b) Einige Worte sollen noch über die F r ä s w e r k z e u g e und ihre E i n s p a n n u n g gesagt werden, und zwar hinsichtlich ihrer geometrischen Form und ihrer Leistungsfähigkeit. Gesenkfräser sollen möglichst kurz und kräftig gehalten sein. Ihr Profil wird der zu fräsenden Hohlform angepaßt (Abb. 120 u. 121). Fräser mit Drallschneiden (Spiralverzahnung) arbeiten ruhiger als geradzahnige. Als Schruppfräser sind zylindrische Fräser mit Kordelverzahnung (Spanunterteilung) am günstigsten, da sie die meisten Späne in der Zeiteinheit wegschaffen. Wird im Grunde einer Form gefräst, so sind die Späne nach oben abzuführen. Hierfür ist für rechtslaufende Fräser Rechtsdrall vorteilhaft. Fräst man dagegen seitliche

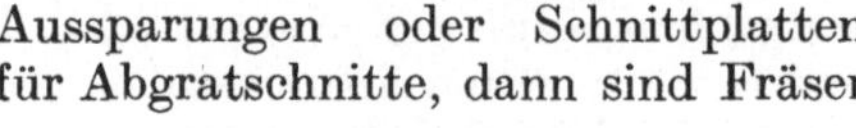

Aussparungen oder Schnittplatten für Abgratschnitte, dann sind Fräser mit Linksdrall vorzuziehen, da sie durch die Axialkraft in das Spannfutter hineingedrückt werden. Für die Leistungsfähigkeit der Gesenkfräser ist nicht zuletzt ihr richtiger Anschliff ausschlaggebend. Wenn nur an der Freifläche nachgeschliffen wird, erhält man negative Spanwinkel und eine zu breite Freifläche, die am Rücken drückt (Abb. 122). Man schleift daher am besten sowohl Span- als auch Freifläche, und zwar auf einer Maschine, deren Schleifspindel unter den richtigen Winkeln (Abb. 123) eingestellt werden kann. Da beim Fräsen Seitenkräfte auftreten, verwende man stets — auch bei kleineren Maschinen — ein kräftiges Fräsfutter und kein Bohrfutter (vgl. S. 33).

Abb. 121. Fräserformen für Vor- und Fertigfräsen

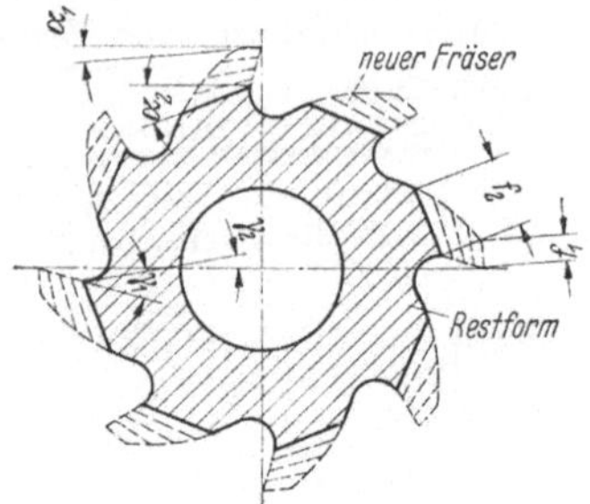

Abb. 122. Fehler beim Nachschleifen (Fräserschneiden drücken)

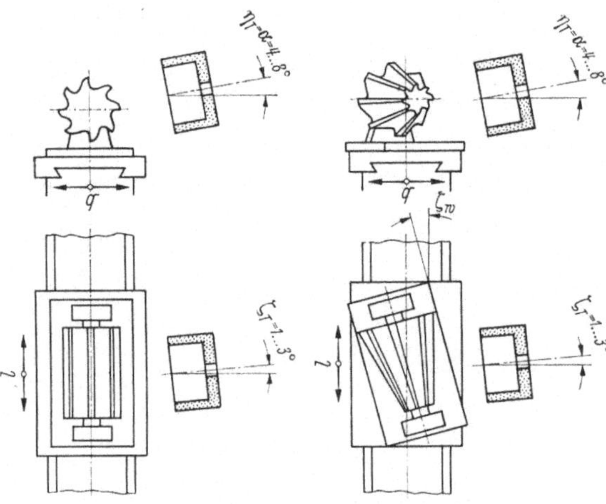

Abb. 123. Richtiger Freiwinkelschliff

E. Rundtisch- und Trommelfräsmaschinen

Wenn beim Fräsen keine Leistungssteigerung mehr durch Erhöhen der Schnitt- und Vorschubgeschwindigkeiten zu erreichen ist, wird man unter anderem versuchen, die Nebenzeiten wirksam zu verkürzen.

34. Rundtischfräsmaschinen sind besonders geeignet, wenn die Werkstücke während des Arbeitsganges laufend ausgewechselt werden sollen. Man verwendet sie in der Reihenfertigung zum Planfräsen der Einzelteile von Kleinmotoren, Nähmaschinen, Haushaltmaschinen u. a. m. Besonders wirtschaftlich arbeitet die in Abb. 124 dargestellte Maschine mit zwei senkrechten Frässpindeln. Die beiden Spindelkästen *1* und *2* sind — um 180° gegeneinander versetzt — an einem kräftigen, als Doppelarm ausgebildeten Träger *3* angebracht und werden seitlich durch Bügel *4* mit dem Unterteil *5* verbunden. Durch diesen geschlossenen Rahmen wird eine gute Abstützung erreicht, die hohe Vorschübe zuläßt.

Der Rundtisch *6*, auf dem Unterteil *5* gelagert, hat durchlaufende Aufspann-T-Nuten und eine Spänerinne. Die gemeinsam in beiden Richtungen umlaufenden Frässpindeln *7* und *8* sind zweckmäßig so zu schalten, daß die Späne zur Maschinenmitte geschleudert werden. Von hier gleiten sie über eine Rutsche seitlich aus der Maschine in einen Spänewagen.

Der Arbeitsablauf kann so gewählt werden, daß entweder mit beiden Spindeln gleichzeitig geschlichtet oder mit der einen geschruppt und mit der anderen geschlichtet wird. Um besonders kurze Spannzeiten zu erreichen, empfiehlt es sich, zusätzlich Schnellspannvorrichtungen (z. B. mit Preßluft betätigte) zu verwenden. Für sperrige Teile sind andere Baumuster mit nur einem Spindelkasten vorgesehen.

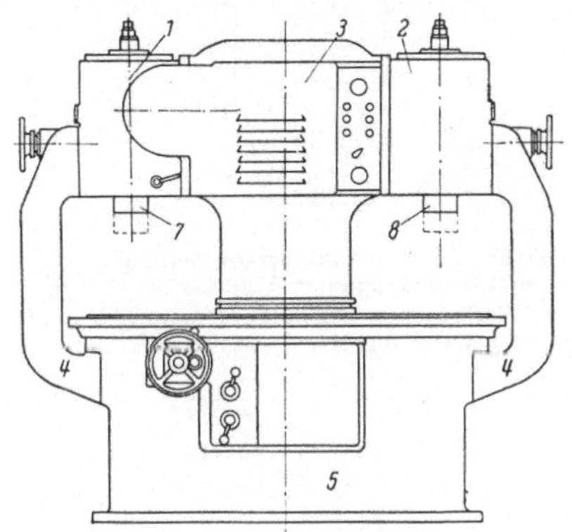

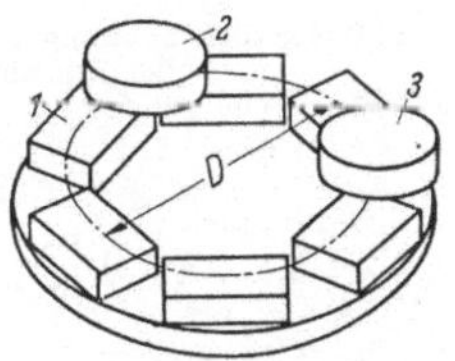

Abb. 125
Anordnung der Werkstücke auf dem Rundtisch. Werkstücke *1* kreisförmig auf mittlerem Fräsdurchmesser *D* der Stirnfräser oder Messerköpfe *2* und *3*

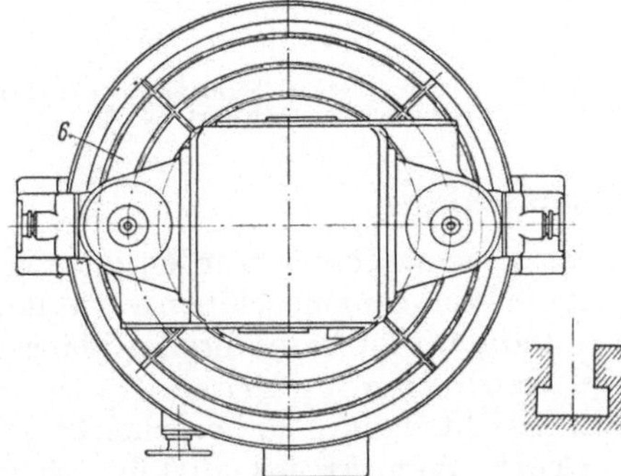

Abb. 124. Rundtischfräsmaschine mit 2 senkrechten Frässpindeln Type KF 140 (*Droop & Rein*).
Spindelkästen *1* und *2* an Doppelträger *3* gelagert und mit Unterteil *5* durch Bügel *4* fest verbunden; Rundtisch *6* hat Aufspannuten und Spänerinne, in die von den Frässpindeln *7* und *8* die Späne geschleudert werden

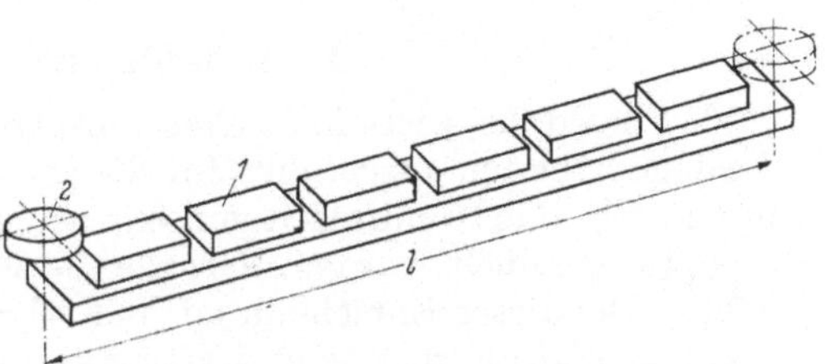

Abb. 126. Anordnung der Werkstücke auf Langtisch. Werkstücke *1* geradlinig hintereinander unter Fräser *2*

Die Leistungen einer *zweispindligen Rundtischfräsmaschine* und einer *einspindligen Senkrecht-Langtischfräsmaschine* seien hier an einem Beispiel miteinander verglichen: Zu fräsen sind 6 Graugußplatten (Länge 350 mm). Gemäß Abb. 125 werden die Werkstücke auf den Rundtisch gespannt. Es ergibt sich ein mittlerer Fräsdurchmesser D = 900 mm und damit eine Fräslänge von etwa 2800 mm. Bei einem Vorschub von 200 mm/min wird die Fräszeit 14 min. Demgegenüber hat man auf der Langtischmaschine bei hintereinander aufgespannten Werkstücken (Abb. 126) einschließlich An- und Überlauf etwa 3000 mm Fräslänge und erhält für Schruppen bei Vorschub 400 mm/min eine Fräszeit von 7,5 min; für Schlichten bei Vorschub 200 mm/min eine Fräszeit von 15 min. Ferner für zweifachen Rücklauf im Eilgang (5000 mm/min) eine Leerzeit von $2 \times 0{,}6 = 1{,}2$ min. Somit wird die Gesamtfräszeit (ohne Spannen und Zustellen für Schlichten) $7{,}5 + 15 + 1{,}2 = 23{,}7$ min.

Ein weiterer Vorteil der Rundtischfräsmaschine ist ihr geringer Platzbedarf.

35. Trommelfräsmaschinen, die man sich für kleinere Teile auch im eigenen Betrieb aus Fräseinheiten zusammenbauen kann, haben die gleichen Vorteile. Die Werkstücke werden auf die waagerecht gelagerte Trommel gespannt und können entweder, am Umfang der Trommel gespannt, gleichzeitig auf zwei gegenüberliegenden Seiten (Abb. 127) oder auf je einer Seite paarweise gespannt (Abb. 128) an den Stirnflächen bearbeitet werden. Als Anwendungsbeispiel ist ein Fräsplan für „pausenlos fräsen" in Abb. 129 wiedergegeben.

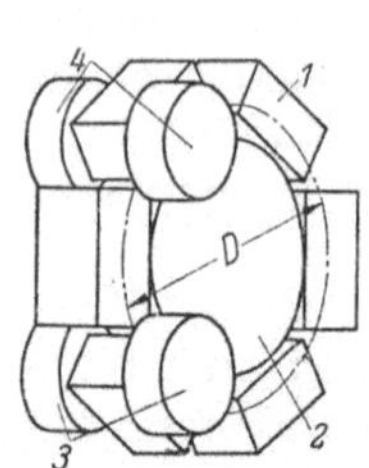

Abb. 127. Doppelseitiges Planfräsen

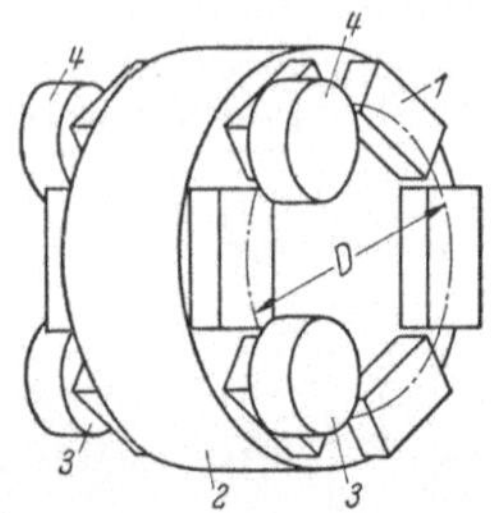

Abb. 128. Einseitige Flächenbearbeitung paarweise gespannter Werkstücke

Abb. 127 und 128. Werkstückspannung auf Trommelfräsmaschinen. Werkstücke *1* auf mittlerem Fräsdurchmesser *D* der Trommel *2* laufen an Fräserpaaren *3* und *4* vorbei

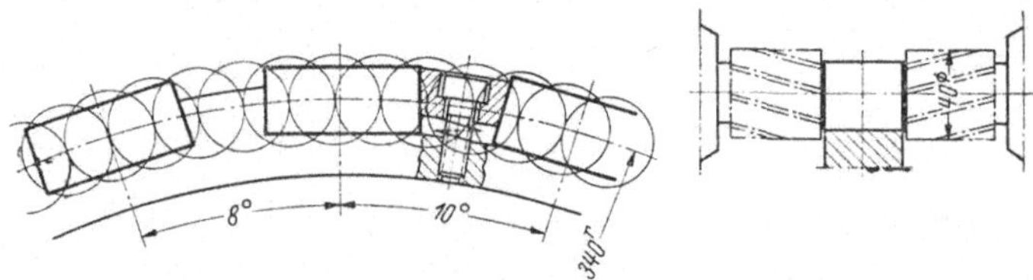

Abb. 129. Beispiel für „Pausenlos Fräsen" (*Kopp*). Der Dauer einer Planscheiben(Trommel)-Umdrehung von etwa 24 min entspricht eine Fräszeit von 40 Stück (je 2 Flächen); Fräszeit je Stück demnach etwa 0,6 min

F. Kombinierte Fräsmaschinen

36. Fragen des wirtschaftlichen Einsatzes. Auf Fräsmaschinen werden jetzt verschiedene Arbeiten ausgeführt, für die sonst andere Werkzeugmaschinen verwendet wurden, z.B. das Rundfräsen von Kurbelwellen und das Planfräsen breiter Flächen, die früher gehobelt wurden. Gerade die Frage „Hobeln oder Fräsen" wird oft gestellt. Bei dieser Entscheidung sind folgende Gesichtspunkte zu berücksichtigen.

a) Oberflächengüte und Formgenauigkeit. Beim *Fräsen* entstehen durch die umlaufenden Werkzeugschneiden wellige Oberflächen, einerlei, ob mit Stirnzähnen (mit Walzenstirnfräsern und Messerköpfen) oder mit Umfangszähnen (mit Walzen- und Scheibenfräsern), waagerecht oder senkrecht, im Gegenlauf oder Gleichlauf gearbeitet wird. Es erfordert besondere Einrichtungen, um z. B. die Schneiden eines Messerkopfes auf der Maschine so genau zu läppen oder auszurichten, daß der Taumelschlag unter 0,01 mm liegt. Ferner spielt der sogenannte Sturz der Frässpindel, d. h. ihre Schrägstellung zum Werkstück eine nicht zu vernachlässigende Rolle. Schließlich macht sich beim Feinstfräsen die durch Erwärmung bedingte Ausdehnung der Fräserschneiden bemerkbar; sie beeinflußt gleichfalls die Formgenauigkeit des Werkstückes.

Demgegenüber entstehen beim *Hobeln* nur gerade Riefen, deren seitlicher Abstand sich aus der Größe des Quervorschubes ergibt. Bei Verwendung von Breitschlicht-Hartmetallmeißeln mit geläppten Schneiden ist es möglich, diese Unebenheiten auf einen Kleinstwert zu beschränken. Starre Werkzeugträger ermöglichen außerdem kräftige Spanbildung, so daß die Schneidwärme mit den Spänen gut abfließt. Unter günstigen Arbeitsbedingungen lassen sich daher selbst beim Hobeln sehr großer Flächen (etwa bis 6000 × 3000 mm) Toleranzen von 0,015—0,02 mm einhalten.

b) Kostenaufwand und Schnittleistung. Beim *Fräsen* stehen höheren Werkzeugbeschaffungs- und -instandhaltungskosten größere Schnittleistungen gegenüber, die sich besonders bei breiten Werkstücken vorteilhaft auswirken.

Beim *Hobeln* hat man geringe Werkzeugkosten und dafür auch begrenzte Schnittleistungen, was bei schmalen Flächen, z. B. Leisten, günstig ist. Das zeigen auch Vergleiche der Maschinenlaufzeiten, die aber für sich allein kein eindeutiges Kriterium für die Wahl der Maschinenart ergeben. Die Maschinenkosten sind beim Fräsen höher, der Platzbedarf nahezu gleich. Die erforderliche Antriebsleistung ist etwas geringer als beim Hobeln.

c) Zusammenfassend kann gesagt werden, daß sich Vorteile und Nachteile die Waage halten. Bei kombinierten Fräsmaschinen können die Vorteile beider Arbeitsverfahren voll ausgenutzt werden.

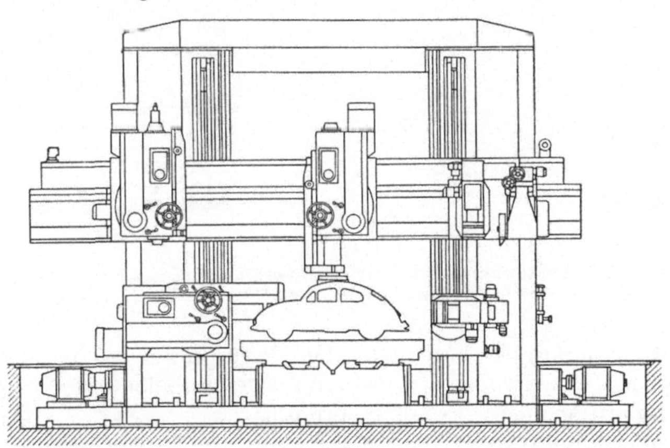

Abb. 130. Kombinierte Hobel- und Fräsmaschine (*Waldrich, Siegen*). Größenverhältnisse im Vergleich zum Volkswagen

Durchgangsbreite und -höhe	je 2500 mm
Hobel- bzw. Fräslänge	6000 mm
Zulässige Tischbelastung	6,6 t/m
Arbeitsgeschwindigkeiten:	
Vor- und Rücklauf beim Hobeln	5 bis 60 m/min
Vorschubgeschwindigkeit beim Fräsen	20 bis 1000 mm/min
Eilgang	2000 mm/min
Antriebsleistung	118 kW
Leistung der beiden Frässpindeln	22 kW
Drehzahlbereich der Frässpindeln	8 bis 320 U/min

37. Ausführungsformen. a) Auf kombinierten Hobel- und Fräsmaschinen werden besonders *schwere, lange* Werkstücke vorteilhaft bearbeitet. Diese Maschinen sind mit Hobelsupporten und mehreren Frässpindeln ausgerüstet, mit denen alle Flächen in einer Aufspannung fertiggestellt werden können. Dadurch verkürzen sich die Rüst- und Nebenzeiten erheblich. Außerdem ist die genaue Lage der Flächen zueinander gewährleistet, was man sonst beim Umspannen des Werkstückes schwer erreichen kann.

Eine solche kombinierte Zweiständer-Hobel- und Fräsmaschine ist in Abb. 130 wiedergegeben. Dieser Maschinentyp hat sich im Großmaschinenbau, vor allem auf Schiffswerften, im Turbinen- und Dieselmotorenbau bestens bewährt.

Zwei bemerkenswerte Zusatzeinrichtungen seien noch erwähnt. An die Stelle der mechanischen Anschlagnocken für die Umsteuerung treten einstellbare Positionsgeber. Der Umsteuerpunkt kann von einem Schaltpult aus eingestellt werden und ist bei dieser elektronischen Steuerung unabhängig von der Tischgeschwindigkeit. Man erhält feste Umsteuerpunkte, da der Zeitpunkt der Einleitung des Umsteuervorganges sich entsprechend der Tischgeschwindigkeit selbsttätig verändert.

Eine weitere neuzeitliche Einrichtung ist die Fernkontrolle der Maschineneinstellung mit Hilfe eingebauter Fernsehkameras. Eine im Schaltpult eingebaute Bildröhre ermöglicht dann wahlweise die Ablesung der Supporteinstellungen oder das Beobachten der Arbeitsstelle und der Werkzeuge.

Eine ähnliche Maschinentype kann zusätzlich zum Nachform-Hobeln und -Fräsen eingesetzt werden (Abb. 131—133).

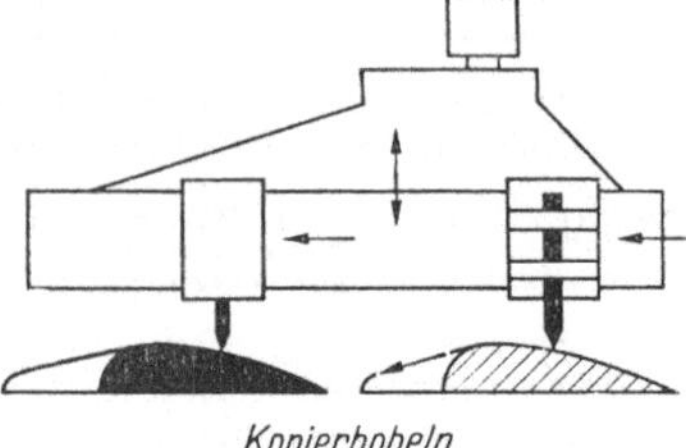

b) Eine zweite kombinierte Maschinenart sind die bekannten großen **Waagerecht-Bohr- und Fräswerke**, von denen eine Ausführungsform in Abb. 134 gezeigt ist. Zum Fräsen werden sie

Spiegelbild-Kopierhobeln

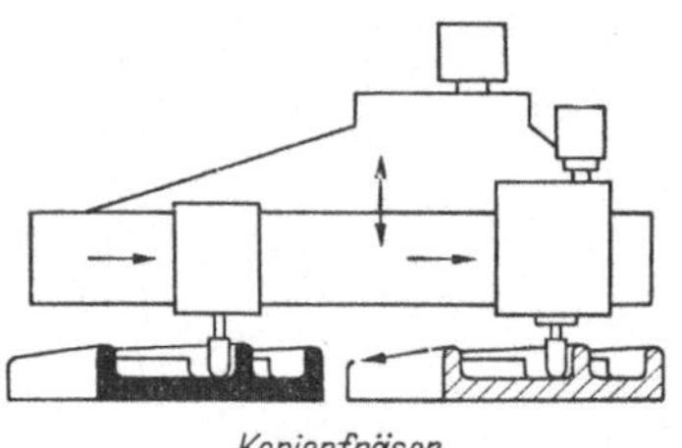

Abb. 131—133. Kopiermöglichkeiten auf Nachform-Hobel- und Fräsmaschine (*Waldrich, Coburg*) Nachformhobeln — Spiegelbild-Nachformhobeln — Nachformfräsen

mit Hartmetall-Messerköpfen bestückt. Die Frässpindel ist im Spindelstock gelagert, der zugleich sämtliche Antriebs- und Vorschubelemente trägt. Er gleitet auf langen Schmalführungen an dem breiten gut verrippten Maschinenständer. Dieser wiederum ruht auf einem besonders starren Bett mit

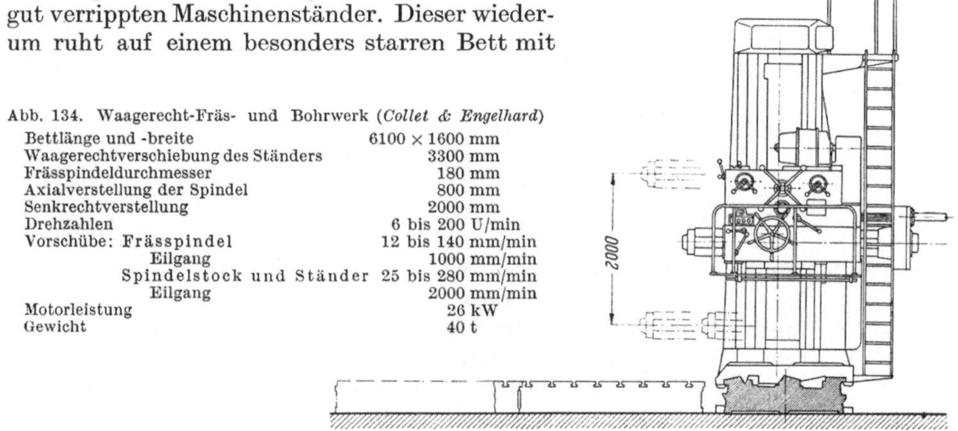

Abb. 134. Waagerecht-Fräs- und Bohrwerk (*Collet & Engelhard*)

Bettlänge und -breite	6100 × 1600 mm
Waagerechtverschiebung des Ständers	3300 mm
Frässpindeldurchmesser	180 mm
Axialverstellung der Spindel	800 mm
Senkrechtverstellung	2000 mm
Drehzahlen	6 bis 200 U/min
Vorschübe: Frässpindel	12 bis 140 mm/min
Eilgang	1000 mm/min
Spindelstock und Ständer	25 bis 280 mm/min
Eilgang	2000 mm/min
Motorleistung	26 kW
Gewicht	40 t

V-förmigen Führungsbahnen. Da so jede Kantenpressung vermieden wird, ist die Gewähr für dauernde, hohe Genauigkeit gegeben. Die kräftige, verdrehungssteife Frässpindel läuft in einer Achtkant-Hülse, die auch in ihrer äußersten Stellung über die ganze Länge des Spindelstockes geführt ist. Durch elektrische Endkontakte ist die Maschine gegen Überfahren der eingestellten Wegbegrenzungen und Endstellungen in jeder Richtung geschützt.

Zu den größten bisher gebauten Schwerwerkzeugmaschinen gehört ein Schiess-Fräswerk mit einer Tischlänge von 45500 mm, einem Gewicht von 780 t, 103 Motoren, Durchgang von 5000 mm und einer lichten Höhe von 4500 mm [*6*].

VI. Schrifttum

Das folgende Verzeichnis ist entsprechend der Buchgliederung nach Stichworten geordnet. Es soll den für einzelne Sonderfragen interessierten Leser auf Veröffentlichungen aus neuerer Zeit hinweisen, die ausführliche Angaben über dieses Teilgebiet bringen. Eine vollständige Wiedergabe des Fachschrifttums ist im Rahmen der Werkstattbücher nicht vorgesehen.

Abkürzungen: WT = Werkstattstechnik und Maschinenbau, Springer-Verlag, Berlin/Göttingen/Heidelberg.
WB = Werkstattbücher, Springer-Verlag, Berlin/Göttingen/Heidelberg.
WBt = Werkstatt und Betrieb, C. Hanser-Verlag, München.
Ind.-Anz. = Industrie-Anzeiger, Verlag W. Girardet, Essen.
Ind.-Bl. = Das Industrieblatt, DEVA-Fachverlag, Stuttgart.

I. Aufbau und Kennzeichen

Typen, Auswahl und Verwendung

[1] Schatz, A.: Technischer Stand der Abspanung, WT Jg. 47 (1957) H. 9, S. 456.
— Gestaltungszüge heutiger Werkzeugmaschinen, WT Jg. 47 (1957) H. 12, S. 853.
[2] Erdmann, W.: Entwicklung im deutschen Fräsmaschinenbau, Ind.-Bl. (1958) H. 4, S. 107.
[3] Th Aachen: Fräsmaschinen auf der 5. EWA Hannover, Ind.-Anz. (1957) Nr. 89/90, S. 269.
[4] Pockrandt, W.: Teilkopfarbeiten, WB H. 6.
[5] Schneider, R.: Entwicklung des Langfräsmaschinenbaus, Ind.-Bl. (1955) H. 1, S. 25.
— Portalfräsmaschinen, Ind.-Bl. (1955) H. 8, S. 407.
[6] Schoepke, H.: Entwicklungstendenzen im Schwermaschinenbau, Ind.-Anz. (1958) Nr. 16/17, S. 45.
[7] Matthée, G.: Fortschritte an spanenden Werkzeugmaschinen, WT Jg. 35 (1955) H. 12, S. 617.
[8] Schroedter, K., u. K. Müller: Deutsche Werkzeugmaschinen in Hannover, WBt (1957) H. 9, S. 561.
[9] Schneider, R.: Gestaltungsmerkmale und Einsatz, Ind.-Bl. (1955) H. 8, S. 403.
[10] Bruins, D.: Auswahl für die Fertigung, Ind.-Anz. (1956) Nr. 15/16, S. 49.
[11] Matthée, G.: Erkenntnisse für den Einsatz, WT (1957) H. 12, S. 638.
[12] Duerr, A., u. E. Dautel: Schwachstromsteuerungen an Werkzeugmaschinen, WBt (1954) H. 7, S. 357.
[13] Schatz, A.: Selbsttätige Steuerungen, Progressus (1957) H. 3, S. 17.

II. Der Weg in den Betrieb

Abnahme, Probelauf

[14] Goettsching, H.: Abnahmebedingungen für Langfräsmaschinen (DIN 8617 Entw.), DIN-Mittlg. (1956) H. 8/9, S. 403, weitere Normen: DIN 8615, 8616, 8618, 8642, 8646.
[15] Schlesinger, G.: Prüfbuch für Werkzeugmaschinen, 6 Aufl. Middelburg: Verlag G. W. den Boer 1955.
[16] Krekeler, K., u. P. Beuerlein: Öl im Betrieb, WB H. 48.
[17] DIN-Taschenbuch 20: Einkauf und Prüfung von Schmiermitteln, Beuth-Vertrieb.

III. Der praktische Einsatz im Betrieb

Hinweise für Bedienung

[18] Roegnitz, H.: Stufengetriebe an Werkzeugmaschinen, WB H. 55.
— Hydraulische und mechanische Triebe für Geradwege, WB H. 101.
[19] Simonis, F. W.: Stufenlos verstellbare mechanische Getriebe, 2. Aufl. Berlin/Göttingen/Heidelberg: Springer 1959.
[20] Duerr, A., u. O. Wachter: Behandlung und Prüfung ölhydraulischer Antriebe und Steuerungen, WB H. 118.

Sinnbilder für Bedienschilder

[21] Stephan, E.: Sinnbilder für die Bedienung, WT Jg. 44 (1954) H. 2, S. 60.
[22] Goettsching, H.: Sinnbilder für textlose Bedienschilder (DIN 55003 Entw.), DIN-Mittlg. (1957) H. 8/9, S. 462.

Hilfsmittel für das Spannen

[23] Schreyer, K.: Stand der Normung, WT Jg. 44 (1954) H. 5, S. 235.
[24] Wittwer, E.: Steilkegelbefestigung ohne Anzugsstange, WT Jg. 46 (1956) H. 1, S. 7.
[24A] Peithmann, L.: Schnittkraft- und Schwingungsuntersuchungen an Schaftfräsern, WT Jg. 45 (1955) H. 5, S. 202.
[25] Lukowski, J.: Kraftbetätigte Spannzeuge. München: Hanser 1957.
[26] Mauri, H.: Vorrichtungsbau, WB H. 33, 35, 42.

Pflege, Instandhaltung

[27] VDI-Arbeitsblätter der Fachgruppe Betriebstechnik (ADB), Anleitung zur Pflege, Düsseldorf: VDI-Verlag.
VDI 3012 Fräsmaschinen, VDI 3016 Horizontal-Bohr- und Fräswerke, VDI 3017 Wälzfräsmaschinen, VDI hydraulische Getriebe.
[28] WT-Sonderdruckschrift: Pflege Deine Maschine!
[29] Schettina, W.: Leistungserhaltung der Werkzeugmaschinen, Ind.-Anz. (1957) Nr. 1, S. 11 und Nr. 8, S. 97.
[30] VDI-Arbeitsblatt 3010: Anleitung zur Wartung und Pflege der elektrischen Betriebsmittel.
VDI 3029: Pflege der spanabhebenden Werkzeuge.
[31] Meyer, H.-J.: Planmäßige Instandhaltung von Werkzeugmaschinen, WT Jg. 44 (1954) H. 11, S. 546.
[32] Peineke, H. H.: Instandhaltung von Werkzeugmaschinen, WB H. 98.
[33] VDI-Richtlinien 2527: Bewertung gebrauchter Werkzeugmaschinen, Prüfverfahren, Prüf- und Bewertungsbogen.

IV. Fehler und ihre Abhilfe

Voraussetzungen für einwandfreie Fräsarbeit

[34] Klein, H. H.: Das Fräsen, WB H. 88.

Beseitigung von Mängeln

[35] Frank, W.: Kühlschmieren, WBt (1956) H. 1, S. 25.
[36] — Selbsttätige Kühlmittelreiniger, WBt (1957) H. 11, S. 812.
[37] Krippendorf, H.: Spänetransport, Ind.-Anz. (1956) Nr. 12, S. 31.
[38] Broedner, E.: Die Fräser, WB H. 22.

V. Sonderfräsmaschinen

Wälzfräsmaschinen

[39] Wittmann, H.: Neuere Wälzfräsmaschinen, Ind.-Bl. (1956) H. 12, S. 489.
[40] Koepfer, L.: Moderne Verzahnmaschinen für die Feinwerktechnik, Ind.-Bl. (1957) H. 12, S. 573.
[41] Loebell, D.: Wälzfräsmaschinen zum Fräsen von Turbinenrädern, Maschinenmarkt (1958) H. 11, S. 13.
[42] Charchut: Wälzfräsmaschinen mit automatischer Werkstückbeschickung, Ind.-Anz. (1957) Nr. 71/72, S. 1086.
[43] Schoepke, H.: Gütesteigerung und Verkürzung der Arbeitszeit an Stirnradbearbeitungsmaschinen, Ind.-Anz. (1957) Nr. 85, S. 23 u. (1957) Nr. 91, S. 1425.
[44] Koop, H.-A.: Zeitsparende Werkstückspanneinrichtungen, WT Jg. 45 (1951) H. 4, S. 159.
— Automatisierung der Wälzfräsmaschinen, Zeitschr. f. wirtschaftl. Fertigung (1957) H. 5, S. 219.
[45] Budnick, A.: Diagonal-Wälzfräsverfahren, WT Jg. 47 (1958) H. 1, S. 31.
[46] Kienzle, O.: Die wirtschaftliche Herstellung von Schmiedegesenken, Ind.-Anz. (1956) Nr. 73, S. 18.

Rundtischmaschinen

[47] Pfeifer, A.: Einsatz von Rundtisch- und Trommelfräsmaschinen, WBt (1952) H. 6, S. 227.

V/12/6 — 721/28/59